INSTRUCTION

SUR LE SERVICE INTÉRIEUR

DE LA

GARDE DE PARIS.

C.

INSTRUCTION

SUR

LE SERVICE INTÉRIEUR

DE LA

GARDE DE PARIS.

Paris,

LÉAUTEY; IMPRIMEUR-LIBRAIRE DE LA GENDARMERIE,
Rue Saint-Guillaume, 23.

—

1864.

INSTRUCTION
SUR LE SERVICE INTÉRIEUR

DE LA

GARDE DE PARIS.

Le corps de la garde de Paris étant organisé régimentairement, l'ordonnance du 2 novembre 1833 (infanterie et cavalerie) en réglera le service intérieur pour tous les détails compatibles avec le décret du 1er mars 1854, le règlement d'administration du 18 février 1863 et celui du 9 avril 1858, sur le service intérieur de la gendarmerie.

La présente instruction ne mentionnera donc que les dispositions spéciales à la garde de Paris, en raison de la composition mixte de ce corps et du service qu'il est appelé à faire dans Paris.

COLONEL.

Art. 1er.

Rapports du colonel avec le ministre de la guerre.

§ 1er. Dans l'intervalle d'une inspection à l'autre, le colonel, de même que les chefs de légion de gendarmerie, correspond directement avec le ministre de la guerre pour tout ce qui est relatif au personnel, à la tenue, au service et à la discipline du corps.

§ 2. Pendant le cours de l'inspection générale, le colonel ne correspond avec le ministre de la guerre que par l'intermédiaire de l'inspecteur général.

Rapports avec le préfet de police.

§ 3. Le colonel défère aux réquisitions du préfet de police, fait exécuter les ordres et consignes que celui-ci lui transmet concernant les lois, règlements et ordonnances de police.

§ 4. Le colonel rend compte au préfet de police de tout ce qui intéresse l'ordre public ainsi que de l'exécution des services municipaux.

ART. 2.

Établissement du tableau de travail.

Chaque année, avant la reprise de l'instruction, le colonel arrête un tableau de travail pour les deux armes.

ART. 3.

Remplacement du colonel.

En cas d'absence ou d'empêchement du colonel, il est suppléé par le plus ancien lieutenant-colonel.

LIEUTENANTS-COLONELS.

ART. 4.

Chaque lieutenant-colonel dirige, sous l'autorité du colonel, les détails du service de son arme.

Art. 5.

Théories.

Les lieutenants-colonels font la théorie aux capitaines de leur arme.

Art. 6.

Registre du personnel des officiers.

§ 1er. Le dernier jour du trimestre, chaque lieutenant-colonel adresse au colonel l'extrait du registre du personnel, en ce qui concerne les punitions infligées aux officiers pendant le trimestre écoulé.

Registres et carnets.

§ 2. Chaque lieutenant-colonel surveille, en outre, la tenue des registres de l'adjudant sous-officier, des maréchaux de logis de semaine, ainsi que les carnets de décision des compagnies et escadrons.

Art. 7.

Revue des effets d'habillement.

Les lieutenants-colonels passent la revue des effets d'habillement reçus par les capitaines; cette revue doit avoir lieu aussitôt après celle qui a dû en être passée par les chefs d'escadron.

Art. 8.

Service de semaine.

§ 1er. Les lieutenants-colonels alternent pour le service de semaine.

Rapport journalier.

§ 2. Le lieutenant-colonel de semaine assiste au rapport.

Visite des casernes.

§ 3. De temps à autre, il visite les casernes pour s'assurer de leur tenue et de l'exécution exacte de tous les détails du service.

S'il assiste à l'appel de 9 heures 1/4, il inspecte les compagnies, les gardes et piquets montants et fait, s'il le juge convenable, exercer la garde au maniement d'armes avant de la faire défiler.

Il visite ensuite les chambres de l'infanterie, les cuisines et salles de police, prisons, cantines, pensions des sous-officiers, sellerie, infirmeries, etc. L'appel de la cavalerie n'ayant lieu qu'à 2 heures, les chambres occupées par elle ne sont visitées généralement que pendant le pansage du soir.

Rapport de semaine.

§ 4. Le lieutenant-colonel de semaine adresse au colonel, le dimanche, un rapport sommaire sur son service du semaine. Il y joint les rapports des chefs d'escadron et du capitaine adjudant-major de semaine.

ART. 9.

Rondes des postes.

Les lieutenants-colonels concourent avec les chefs d'escadron pour le service de ronde des postes occupés par le corps. Pour ce service, il est commandé deux officiers supérieurs par semaine. Ils sont en tenue de service, à cheval, et accompagnés d'une ordonnance.

Art. 10.

Service de détachement.

Les lieutenants-colonels ne sont désignés pour commander un détachement que lorsque la force ou l'importance de la mission à remplir l'exige; dans ce cas, ils sont toujours acccompagnés par un adjudant-major ou par le capitaine instructeur.

Art. 11.

Remplacement des lieutenants-colonels.

En cas d'absence ou d'empêchement d'un lieutenant-colonel, il est remplacé par le plus ancien chef d'escadron de son arme.

CHEFS D'ESCADRON.

Art. 12.

Les chefs d'escadron sont responsables, envers leur lieutenant-colonel, de tout ce qui concerne la discipline, l'instruction, le service et la tenue de leurs bataillons ou escadrons respectifs.

Art. 13.

Transmission hiérarchique des rapports, demandes, etc.

Toutes les demandes, rapports, etc..., concernant les militaires placés sous leurs ordres, leur sont soumis; ils s'assurent de leur régularité, ils y inscrivent leur opinion motivée et les adressent au lieutenant-colonel de l'arme. Ils reçoivent aussi, chaque dimanche, la situation hebdomadaire des

1.

compagnies ou escadrons sous leurs ordres et les transmettent le jour même à leur lieutenant-colonel respectif.

ART. 14.

Rondes des postes.

Les chefs d'escadron concourent avec les lieutenants-colonels pour le service de ronde.

ART. 15.

Service de semaine.

§ 1er. Un chef d'escadron de chaque arme est commandé pour le service de semaine. Ces officiers supérieurs assistent tous les jours au rapport.

§ 2. Chaque jour, un des chefs d'escadron de semaine fait la visite des casernes, en se conformant aux dispositions de l'art. 8 (lieutenants-colonels).

ART. 16.

Détachements.

Les chefs d'escadron concourent, à tour de rôle, pour le service de détachement, lorsque le détachement est composé de militaires des deux armes: dans le cas contraire, chaque chef d'escadron marche avec les militaires de la sienne. Le service terminé, ils adressent au colonel un rapport indiquant les événements survenus, l'heure où le service a commencé et l'heure à laquelle il a fini. Ils y joignent les rapports des officiers placés sous leurs ordres. Lorsqu'ils se trouvent sous les ordres d'un lieutenant-colonel, leur rapport est adressé à cet officier supérieur qui le transmet au colonel.

MAJOR.

Art. 17.

Le major est chargé de tout ce qui est relatif au recrutement du corps. Il porte, en outre, une attention particulière à ce qui concerne la surveillance à exercer sur la tenue du registre relatif à la statistique des familles des militaires du corps.

CAPITAINE INSTRUCTEUR.

Art. 18.

Instruction équestre des officiers d'infanterie.

Le capitaine instructeur est chargé de l'instruction équestre des officiers d'infanterie et des sous-officiers de la même arme, candidats pour sous-lieutenant, sous la surveillance du lieutenant-colonel de cette arme. Il lui remet, le premier jour de chaque mois, un rapport sur cette instruction.

Art. 19.

Opérations à faire par le vétérinaire.

Lorsque l'autorisation de faire une opération importante sera demandée par le vétérinaire, le capitaine instructeur la soumettra au colonel par l'intermédiaire du lieutenant-colonel de cavalerie qui donnera son avis. Il en sera de même pour toutes les autres demandes que peut avoir à faire le capitaine instructeur. En cas d'urgence, ces demandes sont faites par la voie du rapport journalier, à la condition d'en informer, sans délai, le lieutenant-colonel de cavalerie, s'il n'est pas de semaine, et en faisant également prévenir le capitaine de l'escadron intéressé.

RAPPORT

Cas où le capitaine instructeur accompagne le lieutenant-colonel.

Toutes les fois que le colonel n'est pas présent sous les armes, le capitaine instructeur accompagne le lieutenant-colonel qui le remplace.

ADJUDANTS-MAJORS

ART. 21.

Adjudants-majors, service de semaine.

§ 1er. Les capitaines adjudants-majors des deux armes concourent entre eux pour le service de semaine, à l'exception de celui qui est chargé de l'expédition des ordres du service.

§ 2. Le capitaine adjudant-major de semaine assiste tous les jours au rapport. Il visite les casernes où les fonctions de capitaine de semaine sont remplies par des lieutenants.

§ 3. Quand le colonel en donne l'ordre, l'adjudant-major de semaine, en raison de la spécialité de son service, se rend indistinctement dans toutes les casernes pour y faire l'appel des piquets permanents ou éventuels.

§ 4. Le dimanche matin, l'adjudant-major de semaine adresse au chef d'escadron de semaine de son arme son rapport hebdomadaire.

ART. 22.

Instruction théorique et pratique de l'infanterie.

§ 1er. Les adjudants-majors d'infanterie sont chargés de l'instruction théorique et pratique des sous-officiers, brigadiers et gardes candidats, ainsi que de la deuxième classe de leur bataillon.

Rapports théoriques.

§ 2. Le 29 de chaque mois, les adjudants-majors d'infanterie se font remettre par les lieutenants chargés des théories, et en triple expédition, les états théoriques (conformes au modèle adopté) des sous-officiers, brigadiers et gardes candidats avec les numéros des leçons et les notes en toutes lettres pour chacun d'eux.

Surveillance de l'instruction des tambours et trompettes.

§ 3. Un adjudant-major de chaque arme est désigné pour surveiller l'instruction des tambours et trompettes; il s'assure que les répétitions et les écoles ont lieu aux heures et jours indiqués par le tableau de travail.

ART. 23.

Détachements.

§ 1er. Les adjudants-majors ne concourent pas avec les autres capitaines pour le service de détachement, mais ils marchent à tour de rôle avec le lieutenant-colonel ou les chefs d'escadron de leur arme.

Rondes des postes et des théâtres.

§ 2. Les adjudants-majors concourent avec les autres capitaines pour le service de ronde des postes et des théâtres.

ART. 24.

Adjudant-major chargé de l'expédition des ordres du service.

§ 1er. Un adjudant-major est chargé spécialement de commander tout le service du corps.

§ 2. L'adjudant-major chargé de ce service est sous les ordres immédiats du colonel et l'accompagne dans toute espèce de service extérieur.

§ 3. Il est personnellement responsable envers le colonel de l'exécution du service ainsi que de la transmission des ordres qui y sont relatifs.

§ 4. Il commande tous les services journaliers et éventuels, prépare à cet effet tous les ordres nécessaires et les transmet dans les casernes après les avoir soumis à l'approbation du colonel.

§ 5. Il est chargé de la tenue du registre des ordres du jour du corps, de l'état-major, de la place et de la division.

§ 6. Il établit, à la fin de chaque mois, la répartition mensuelle du service par caserne, eu égard aux effectifs de chacune d'elles.

§ 7. Il a sous ses ordres, pour l'aider dans son travail, un maréchal des logis et un garde secrétaires, ainsi qu'un brigadier d'ordres qui se rend tous les matins à l'état-major de la place.

§ 8. En cas d'urgence, il est autorisé à se servir de tous les secrétaires présents à l'état-major.

§ 9. Le poste de la préfecture de police lui fournit les ordonnances à pied et à cheval pour porter les différentes dépêches de service.

§ 10. Tous les matins, aussitôt après l'arrivée des plantons des casernes et des postes, il procède au dépouillement des rapports des différents services exécutés pendant les vingt-quatre heures. Il établit son rapport général d'après les situations journalières des compagnies et escadrons, et ensuite il se rend chez le colonel pour lui en donner une analyse verbale.

§ 11. Il accorde les changements de tour de service entre les lieutenants.

§ 12. Tous les dimanches, il fait remettre aux officiers supérieurs entrant en semaine l'état nominatif, et par caserne, des officiers entrant en semaine avec eux.

Art. 25.

Enquêtes faites par les adjudants-majors.

Les adjudants-majors sont chargés par le colonel de faire des enquêtes sur les particularités qui peuvent se produire dans les services extérieurs.

CAPITAINE D'HABILLEMENT.

Art. 26.

Le capitaine d'habillement adresse, chaque jour, au colonel la situation journalière du grand et petit état-major, il administre la section de musique conformément au règlement du 25 août 1854 et à la décision du 5 mars 1855.

TRÉSORIER ET ADJOINT AU TRÉSORIER.

Art. 26 *bis*.

Les fonctions de capitaine trésorier et celles d'adjoint au trésorier sont définies par les ordonnances du 2 novembre 1833 sur le service intérieur des corps, et par le décret du 18 février 1863 sur l'administration de la gendarmerie.

MÉDECINS.

Art. 27.

Médecin-chef et autres.

§ 1er. Le médecin-chef est chargé de la direction et de la

surveillance du service de santé; il adresse chaque jour, au colonel, un rapport général résumant le service de santé des différentes casernes.

Le médecin-chef visite les hôpitaux et établit les certificats.

§ 2. Il visite au moins deux fois par semaine les militaires aux hôpitaux; il reçoit, dans les 24 heures, des compagnies ou escadrons, les numéros de la salle et du lit des hommes entrés à l'hôpital; il assiste aux opérations majeures qui leur sont pratiquées, établit les certificats de visite, provoque les ordres et fait tout ce qui est de sa compétence dans l'intérêt de la santé des militaires; il visite tous les matins à 8 heures 1/2, à l'État-Major, les militaires nouvellement admis au corps et se rend au rapport chez le colonel.

Soins donnés aux femmes et aux enfants des militaires du corps.

§ 3. Les médecins doivent leurs soins à tous les militaires du corps, à leurs femmes et à leurs enfants.

Chaque médecin consigne sur son rapport journalier les visites en ville qu'il a faites pendant les vingt-quatre heure.

Prises d'armes

§ 4. Dans les réunions où tout le corps est assemblé, tous les médecins y assistent; lorsque les réunions sont partielles, le médecin-chef désigne le ou les médecins qui doivent s'y trouver.

Revues.

§ 5. Les médecins prennent les places qui leur sont assignées par les ordonnances du 4 mars 1851 (infanterie) et 6 décembre 1829 (cavalerie).

PHARMACIEN.

ART. 27 *bis*.

Le pharmacien reçoit directement du colonel tous les ordres relatifs à son service.

VÉTÉRINAIRES.

ART. 28.

§ 1er Le règlement du 12 juin 1852 établit les devoirs des vétérinaires.

§ 2. Le vétérinaire en premier assiste au rapport les mardis, jeudis et samedis. Il dirige le service des vétérinaires en deuxième.

ART. 29.

Certificats à dresser.

§ 1er. Le vétérinaire en premier dresse les certificats pour les chevaux susceptibles d'être réformés, pour constater les blessures reçues par les chevaux dans un service commandé, etc...., et donne son avis sur les propositions de réforme faites par les capitaines d'escadron.

Prises d'armes.

§ 2. Lorsque tous les escadrons sont réunis, les vétérinaires sont présents.

§ 3. Pour les réunions partielles ou les manœuvres, l'un des deux est tenu d'y assister.

Revues.

§ 4. Aux revues, les vétérinaires se placent comme il est dit dans l'ordonnance du 6 décembre 1829.

CHEF DE MUSIQUE.

ART. 30.

Le règlement du 25 août 1854 et la décision impériale du 5 mars 1855 définissent les devoirs, droits et attributions du chef de musique.

CAPITAINES.

ART. 31.

Capitaines.

§ 1er. Les capitaines font tenir un registre destiné à recevoir les inscriptions prescrites à l'art. 17 de la présente instruction relatif à la statistique des familles.

Revues trimestrielles d'habillement.

§ 2. Les capitaines passent une revue générale d'habillement, d'équipement, etc., du 5 au 9 du dernier mois de chaque trimestre et en adressent le résultat au major, le 10 du même mois.

Solde chez le trésorier.

§ 3. Les capitaines, pour toucher la solde chez le trésorier et la répartir aux ayant-droit de leur compagnie ou escadron, se conforment aux dispositions du règlement spécial d'administration.

§ 4. En cas d'absence pour cause de service ou de maladie, le capitaine est remplacé par le plus ancien lieutenant sous ses ordres.

Art. 32.

Militaires manquant aux appels.

Dès qu'un militaire manque aux appels, le capitaine le fait rechercher et prend tous les renseignements nécessaires pour arriver à le découvrir et le faire arrêter.

Il adresse un rapport au colonel sur le résultat de son enquête, qui doit faire connaître quel a été l'emploi du temps pendant l'absence illégale de l'homme. A l'expiration des délais réglementaires, le capitaine adresse au major le signalement n° 1 de l'homme déclaré déserteur.

Art. 33.

Remplacement des sous-officiers et brigadiers.

Lorsque plusieurs sous-officiers ou brigadiers sont absents à la fois pour un certain temps, le capitaine propose au colonel, sur la situation journalière, leur remplacement momentané par le plus ancien brigadier ou garde.

Art. 34.

Assignations.

Le capitaine veille à ce que les hommes assignés comme témoins devant les tribunaux ne soient empêchés par aucun service le jour désigné pour l'audience.

Art. 35.

Chevaux des hommes absents.

§ 1er. Les chevaux des hommes absents pour un certain temps pourront être confiés à des hommes démontés en se conformant aux dispositions de l'art. 229 du décret du 1er mars 1854. (*Gendarmerie.*)

Pansage des chevaux des hommes absents avec solde entière.

§ 2. Les cavaliers absents qui n'ont pas pourvu, par un arrangement particulier, aux soins à donner à leurs chevaux, subissent une retenue de 5 fr. par mois sur leur rappel de solde. Cette somme est versée à l'ordinaire de l'escadron.

Art. 36.

Objets dont les chambrées doivent être pourvues au compte de l'ordinaire.

§ 1er. Les capitaines veillent à ce que chaque chambrée soit constamment pourvue :

1° **D'un** gobelet en métal; 2° d'un pot à eau; 3° d'une cruche; 4° d'une gamelle; 5° d'une salière et poivrière; 6° d'un miroir; 7° d'un chandelier avec mouchette et porte-mouchettes; 8° d'une charrue pour les buffleteries; 9° d'une baguette en bois pour le nettoyage des canons de fusil; 10° de baguettes en bois pour battre les couvertures; 11° d'une tinette en zinc pour les bains de pieds; 12° d'un ratelier pour placer les couverts; 13° d'un arrosoir; 14° des pancartes réglementaires et particulières au corps. Indépendamment de ces objets, chaque compagnie ou escadron est pourvu de deux baquets à blanc, de deux scies avec deux chevalets, de deux merlins, de deux jeux de marques et d'une boîte grillée et fermée servant à afficher le service. (*Cette boîte doit être placée dans l'endroit le plus apparent du casernement de la compagnie ou de l'escadron.*)

§ 2. La cavalerie a, en outre, un certain nombre de paires

d'embauchoirs pour les grosses bottes et de brunissoirs pour
les casques.

ART. 37.

Armement des nouveaux admis.

Le capitaine fait armer les nouveaux admis dans les quarante-huit heures.

ART. 38.

Deuil de famille.

Le capitaine autorise les militaires sous ses ordres à porter
le deuil de famille; il en rend compte sur la situation journalière.

ART. 39.

Indemnité pour perte ou détérioration d'effets.

Le capitaine fait dresser sans retard le procès-verbal constatant la nature de la perte ou de la dégradation, ainsi que
les causes qui l'ont produite. Ce procès-verbal devra être
présenté dans le délai de cinq jours au visa du sous-intendant
militaire pour être mis à l'appui de la proposition d'indemnité qui aura été fixée par la commission déléguée du conseil
d'administration sous la présidence du major.

ART. 40.

Constatation des blessures reçues dans le service.

§ 1er. Les blessures reçues dans le service par les hommes
ou les chevaux, sont constatées par le procès-verbal (en double
expédition) du chef du service commandé, relatant les circonstances dans lesquelles se sont produits les accidents et

par des certificats des médecins ou vétérinaires, suivant le cas, constatant l'origine et la gravité de blessures.

§ 2. Ces pièces sont adressées au colonel pour servir à l'établissement des droits à faire valoir, ou de toute autre proposition qu'elles pourraient motiver.

ART. 41.

Tours de service.

Les capitaines concourent par caserne pour le service de semaine, et sur tout le corps pour le service de détachement et les rondes en se conformant d'ailleurs à ce qui sera dit aux art. 43, 47 et 48 ci-après.

ART. 42.

Distribution du bois et du charbon.

§ 1er. Chaque semaine, un capitaine d'infanterie est commandé à tour de rôle pour la distribution du bois et du charbon.

Distribution de fourrages.

§ 2. Un capitaine de cavalerie est également commandé, chaque semaine, à tour de rôle, pour la distribution des fourrages.

ART. 43.

Capitaine de semaine.

§ 1er Dans chaque caserne, un capitaine est commandé pour le service de semaine.

§ 2. Lorsqu'il y a moins de trois capitaines pour concourir au service de semaine, ils sont suppléés dans ces fonctions par le plus ancien des lieutenants de semaine pour un ou deux tours selon le cas.

Le capitaine de semaine fait les fonctions d'adjudant-major de cavalerie.

§ 3. Le capitaine de semaine joint à ses fonctions habituelles celle d'adjudant-major de semaine de cavalerie.

Responsabilité du capitaine de semaine.

§ 4. Le capitaine de semaine est responsable de tous les détails du service; s'il est obligé de s'absenter de la caserne pour un service commandé, il se fait remplacer par le plus ancien lieutenant de semaine auquel il donne ses instructions. S'il a besoin de s'absenter pour affaires personnelles, il en demande l'autorisation à son chef d'escadron de semaine et est remplacé de la même manière.

Surveillance du capitaine de semaine.

§ 5. Le capitaine de semaine surveille les écoles et salles d'armes en ce qui concerne la police et la tenue des hommes; il s'assure que l'éclairage des cours, corridors et écuries ne laisse rien à désirer.

Tonnes d'écurie.

§ 6. Les tonnes à eau des écuries doivent être remplies chaque soir après le pansage; tous les samedis elles sont vidées, nettoyées à fond et remplies. En hiver, les chevaux sont abreuvés dans les écuries.

Art. 44.

Eau potable.

Si l'eau potable vient à manquer, le capitaine de semaine

fait prévenir l'officier chargé du casernement qui fera immédiatement toutes les démarches nécessaires près de l'administration municipale pour obtenir la quantité d'eau suffisante aux besoins de la caserne, remettra, s'il y a lieu, un bon signé de lui et rendra compte au major.

ART. 45.

Rapport du capitaine de semaine.

Tous les matins à cinq heures, le capitaine de semaine adresse au colonel son rapport spécial, avec toutes les pièces qui ont été remises à l'adjudant par les chefs des différents services de la caserne.

ART. 46.

Service éventuel.

Pour tout événement grave et d'urgence, réquisitions de l'autorité, etc., le capitaine de semaine adresse sans retard au colonel un rapport indiquant les mesures qu'il a prises, la force du détachement qu'il a formé, sa mission, l'heure de sa sortie, le nom de celui qui le commande et ce qu'il connaît de l'événement.

ART. 47.

Service de détachement.

Les capitaines des deux armes concourent ensemble pour le service de détachement et se conforment à ce qui est dit à l'art. 16 pour les chefs d'escadron. Le capitaine de détachement, placé sous les ordres d'un officier supérieur, adresse son rapport à cet officier supérieur, après y avoir joint ceux des chefs des détachements sous ses ordres.

Art. 48.

Rondes des postes.

§ 1er. Les capitaines des deux armes et les adjudants-majors concourent ensemble pour le service des rondes des postes. Ce service est toujours fait à cheval et en tenue de service.

Ordonnances à cheval pour escorter les capitaines
de ronde.

§ 2. Les capitaines de ronde appartenant à des casernes où il n'y a point de cavalerie, demandent, par écrit, au chef du poste de la préfecture de police, une ordonnance à cheval pour les escorter, en indiquant l'heure à laquelle ces ordonnances devront aller les prendre.

§ 3. Les capitaines de ronde se conforment pour ce service au règlement sur le service des places; ils s'assurent, en outre, que la théorie prescrite a été faite aux hommes, que les consignes sont bien connues et comprises, et enfin que la quantité de bois d'économie est régulièrement portée sur la feuille destinée à cette inscription.

Art. 49.

Rondes des théâtres.

§ 1er. Les capitaines des deux armes et les adjudants-majors concourent ensemble au service de ronde des théâtres.

§ 2. Le capitaine de ronde doit constater la présence des hommes et inspecter leur tenue; il s'assure si les consignes sont bien exécutées, s'il n'y a point de plaintes ou d'observations de la part des contrôleurs, etc., et il indique l'heure

2

de son passage sur le rapport du chef de poste et sur le sien.

LIEUTENANTS.

ART. 50.

Lieutenants.

§ 1er. Le lieutenant veille à ce que les nouveaux admis soient promptement instruits par les sous-officiers et brigadiers sur tous les détails du service spécial; il les interroge souvent pour s'assurer de leurs progrès.

§ 2. Le plus ancien lieutenant a la surveillance des détails de l'ordinaire. Il vérifie le livret le premier jour de chaque quinzaine.

ART. 51.

Service de semaine.

Le lieutenant de semaine vérifie chaque jour, après la parade, le registre du service du maréchal des logis de semaine et s'assure, en le signant, que tous les services ordonnés pour la journée sont inscrits, les hommes nominativement désignés, ainsi que le poste où chacun doit être de service.

Lieutenant de semaine commandé de service.

Le lieutenant de semaine commandé pour un service est remplacé dans le service de semaine par le lieutenant suivant; dans ce cas, le maréchal des logis chef rend l'appel du soir. Lorsqu'il n'y a qu'un lieutenant dans une compagnie, il assiste tous les matins à l'appel de 9 heures et à la parade, et, comme dans le cas précédent, l'appel du soir est rendu par le maréchal des logis chef.

ART. 52.

Tours de service.

Pour les différents services, les lieutenants sont commandés, à tour de rôle, dans l'ordre suivant :

1° La garde ; 2° le piquet ; 3° la ronde ; 4° les détachements
pour service d'ordre.

ART. 53.

Service de garde.

Les lieutenants des deux armes concourent ensemble, à
tour de rôle, pour le service de garde. Ils défilent à la tête
de la garde lorsqu'elle est fournie par leur caserne ; dans le
cas contraire, ils assistent à la parade de leur caserne et se
rendent ensuite à proximité du poste où ils prennent le commandement de leur troupe.

Les officiers de cavalerie montent la garde en chapeau et
avec l'épée.

ART. 54.

Service de piquet.

§ 1er. Les lieutenants de semaine d'infanterie concourent
ensemble dans chaque caserne pour le service de piquet.

§ 2. Lorsqu'il y a moins de trois lieutenants d'infanterie
pour concourir à ce service, les maréchaux de logis chefs
sont commandés, à tour de rôle, pour suppléer cet officier.

§ 3. Le lieutenant de piquet défile à la tête de son piquet,
s'il est de plus de 20 hommes, ce service dure 24 heures ;
pendant ce temps, l'officier se tient constamment chez lui,
ou à la caserne, prêt à marcher.

§ 4. Le lieutenant de piquet ne peut permettre aux hommes sous ses ordres de se faire remplacer que momentanément.

Art. 55.

Service des rondes.

§ 1er. Les lieutenants concourent ensemble et à tour de rôle pour le service de ronde des postes ; ils se conforment au service des places.

§ 2. Ils ne visitent que les postes commandés par les sous-officiers et brigadiers et se conforment aux prescriptions de l'art. 48, § 3.

§ 3. Les postes ne prennent pas les armes pour les rondes des lieutenants. Le factionnaire placé devant les armes prévient le chef de poste de l'arrivée de ces officiers aussitôt qu'il les aperçoit ; le chef de poste avertit ses hommes, fait observer le silence et se présente à l'officier.

Art. 56.

Service de détachement.

Les lieutenants des deux armes concourent ensemble pour le service de détachement (voir l'art. 47).

Détachements imprévus.

Dans les services imprévus et immédiats à pied, l'officier de piquet marche avec le premier détachement ; si le détachement est à cheval, il est commandé par le plus ancien officier de semaine de cavalerie présent. Les officiers, à moins de circonstances exceptionnelles, ne doivent pas marcher deux fois de suite. Un tour est marqué à tout officier sorti de la caserne à la tête d'un détachement.

Art. 57.

Service pour les grandes fêtes.

Pour les services d'ordre, les lieutenants donnent connaissance de leur consigne à leurs sous-officiers, désignent un point de réunion, établissent leur service et vérifient ensuite si chacun est à son poste et si les consignes sont bien comprises; ils surveillent l'ensemble de leur service, se tiennent en vue et se présentent aux officiers supérieurs et capitaines, sous les ordres desquels ils sont placés, chaque fois que ceux-ci passent à leur portée, afin de recevoir leurs ordres.

Exécution des consignes.

Aux heures indiquées par la feuille de service, les officiers font exécuter les consignes, en recommandant à leurs subordonnés — fermeté et politesse tout à la fois.

Les commissaires de police et officiers de paix doivent rester étrangers au commandement de la troupe.

Si quelques modifications doivent être apportées aux consignes, elles sont indiquées par les commissaires de police ou officiers de paix, qui en prennent toute la responsabilité. Toutefois, les officiers de service, bien qu'usant à l'égard de ces fonctionnaires de déférence et de conciliation, ne souffrent pas qu'ils exercent un commandement sur la troupe.

Art 58.

Casernement.

Un lieutenant dans chaque caserne est chargé de tout ce

qui est relatif au casernement, sous la direction du major auquel il rend compte de tous les travaux à exécuter ou en cours d'exécution; il exprime son opinion sur la manière dont ces travaux sont effectués.

Revue mensuelle.

Indépendamment de la visite trimestrielle du casernement et de la literie, prescrite par le règlement du 2 novembre 1833, l'officier de casernement passe chaque mois, accompagné des fourriers, dans tout le casernement, pour constater les réparations à faire exécuter, tant à la literie qu'au casernement. Le résultat de cette revue mensuelle est consigné dans son rapport au major.

Si, dans l'intervalle de ces revues, des réparations urgentes deviennent nécessaires, l'officier de casernement peut s'adresser directement à l'architecte, en rendant compte immédiatement au major.

ART. 59.

Armement.

Un lieutenant pour tout le corps est chargé de l'armement; il se conforme aux dispositions du règlement spécial du 1er mars 1854.

ADJUDANTS.

ART. 60.

Adjudant de semaine.

§ 1er. L'adjudant de chaque caserne est toujours de semaine. Il est sous les ordres immédiats des capitaines de semaine.

§ 2. En commandant le service, il fait connaître aux sous-officiers et brigadiers le nom des officiers sous les ordres desquels ils sont placés.

§ 3. A la rentrée des détachements, l'adjudant reçoit et réunit les consignes ou rapports qu'il adresse immédiatement au bureau de l'adjudant-major chargé du service.

Éclairage général.

§ 4. Il s'assure que l'éclairage des cours, corridors et écuries fonctionne avec régularité ; que le concierge de la caserne et le maréchal des logis de garde exécutent, chacun en ce qui le concerne, les consignes particulières qui leur sont données.

§ 5. Dans le cas où l'éclairage viendrait à manquer, il fait chercher le préposé de l'administration du gaz chargé de ce service et rend compte au capitaine de semaine.

Comptes à rendre au capitaine de semaine.

§ 6. Pour toute espèce de service à fournir, il prend les ordres du capitaine de semaine ; il lui rend compte immédiatement de tout événement survenu, soit à la caserne, soit à proximité, et le prévient de la visite des officiers supérieurs.

Art. 61.

Rapport de l'adjudant.

Chaque matin, il réunit toutes les pièces et rapports de la caserne et les fait porter, par un planton, à l'état-major du corps, où ils doivent parvenir à 5 heures 1/4 du matin.

ART. 62.

Registre des hommes punis,

L'adjudant est chargé du registre des hommes punis de sa caserne. Aucune surcharge ou rature n'est faite sur ce registre. L'expiration d'une punition est indiquée par une croix, à la gauche du nom de l'homme, et par la date de cette expiration dans la colonne à ce destinée.

ART. 63.

Pensions des sous-officiers.

§ 1er. Les adjudants font de fréquentes visites pour s'assurer de la bonne tenue de la salle à manger et de la cuisine des sous-officiers.

§ 2. Les sous-officiers en ménage pourront tirer leur nourriture des pensions en payant un supplément réglé d'avance par le colonel.

ART. 64.

Cas de sortie.

L'adjudant qui obtient du capitaine de semaine l'autorisation de sortir, ou qui sort pour le service, est remplacé par le maréchal des logis chef de petite semaine, faisant fonctions d'adjudant, auquel il donne les instructions nécessaires.

ART 65.

Rondes des bals publics.

§ 1er. Les adjudants, lorsqu'ils sont commandés, visitent les bals publics pour s'assurer de l'exactitude et de la bonne tenue des hommes qui y sont de service et recevoir les plaintes ou réclamations. Ce service est rétribué, par les chefs d'établissements, conformément au tarif arrêté par le préfet de police.

§ 2. Lorsque le colonel le juge à propos, les adjudants peuvent être aidés, dans ce service, par des sous-officiers. Ceux-ci ne sont pas rétribués.

Art. 66.

Répartition du service.

Le dernier jour du mois, l'adjudant de chaque caserne reçoit, de l'adjudant-major chargé du service, la situation mensuelle du service que sa caserne doit fournir le mois suivant. Il transcrit cette situation sur un registre spécial et y ajoute tous les services supplémentaires qui ont pu survenir dans le courant du mois.

Le dernier jour de chaque mois, il règle, avec les maréchaux des logis chefs, la répartition de tous les services à fournir pendant le mois, en tenant compte de l'effectif de chaque compagnie ou escadron.

Soins à prendre en commandant le service.

Les adjudants commandent le service de manière que chaque poste soit composé d'hommes de la même arme, et, s'il est possible, de la même compagnie ou du même escadron. Pour les théâtres et les bals, ils font partir les détachements assez tôt pour être rendus à leur poste une heure avant l'ouverture des bureaux. Les adjudants lisent tous les jours les affiches des théâtres apposées au mur des casernes afin de connaître les établissements qui font relâche et n'y point envoyer de service.

2.

ART. 67.

Tours de service journalier commandés par l'adjudant.

§ 1er. Les tours de service sont établis ainsi qu'il suit :

Pour l'infanterie : 1° la garde, 2° le piquet, 3° les théâtres et les bals.

Pour la cavalerie : 1° la garde à cheval, 2° la garde à pied et garde d'écurie, 3° le piquet, 4° les théâtres et les bals.

§ 2. Les sous-officiers des deux armes concourent ensemble pour la garde de police et le service des théâtres.

ART. 68.

Plantons à la police.

Tous les jours, du réveil à l'appel du soir, un homme par compagnie et escadron, pris à tour de rôle parmi les hommes de piquet, est de planton au corps de garde. Le service de ces plantons consiste à porter les différents rapports, à conduire les étrangers qui se rendent chez les officiers logés à la caserne et à appeler les sous-officiers et gardes qui sont demandés à la porte, etc., etc.

ART. 69.

Transmission des ordres et décisions.

§ 1er. A moins de circonstances exceptionnelles, l'adjudant n'assiste pas au rapport général; il y est remplacé par le maréchal des logis chef de semaine, à qui il remet son carnet de décisions.

§ 2. Au retour de ce sous-officier, l'adjudant communique son carnet au capitaine de semaine, transmet les ordres qui doivent être exécutés immédiatement et va, sans perdre de temps, communiquer les ordres et décisions aux officiers de l'état-major logés dans sa caserne. Il les fait communiquer à ceux logés en ville, soit par le fourrier de semaine, soit par un sous-officier de planton, suivant le cas.

§ 3. Il veille à ce que le fourrier de semaine se rende, à une heure, à l'état-major du corps, porteur de son carnet de décision et du livre d'ordres.

Art. 70.

Registres d'ordres.

L'adjudant tient le registre d'ordres de sa caserne, qu'il présente à la signature des officiers de l'état-major. Ce registre doit être constamment à jour, ainsi que le carnet de décision.

Art. 71.

Remplacement de service.

L'adjudant accorde les remplacements de service aux sous-officiers et brigadiers; il en rend compte au capitaine de semaine et prévient de ce changement le maréchal des logis chef de la compagnie ou de l'escadron.

Art. 72.

Services éventuels.

Les services éventuels ordonnés par l'état-major sont commandés en dehors des piquets; l'adjudant les répartit également entre les compagnies ou escadrons de sa caserne, d'après l'effectif de chacun.

ART. 73.

Balayeurs.

L'adjudant a sous sa direction les balayeurs civils pour tout ce qui a rapport à la propreté intérieure et extérieure des casernes.

ART. 74.

Mot d'ordre.

En l'absence du capitaine de semaine, l'adjudant donne le mot d'ordre aux chefs de poste des théâtres et bals.

ART. 75.

Batteries ou sonneries du service journalier.

Tableau des batteries ou sonneries du service journalier :

Service d'hiver.

Heures du service d'hiver, du 1er octobre au 31 mars.

5 h. 1/4, envoi des rapports à l'état-major.

6 heures, le réveil.

6 h. 1/4, déjeûner des chevaux (*arrivée des rapports à l'état-major*).

6 h. 3/4, demi-appel pour le pansage.

7 heures, appel et pansage (*et ouverture des portes de la caserne*).

8 — sonnerie pour les maréchaux des logis chefs (*pour le rapport à l'état-major*).

8 h. 1/4, repas des hommes prenant le service.

8 h. 1/2, soupe.

8 h. 3/4, assemblée.

9 h. 10m. rappel aux tambours et trompettes.

9 h. 1/4, appel de l'infanterie et défilé de la garde.

9 h. 1/2, repas des sous-officiers (*cours élémentaire*).

11 heures, promenade des chevaux (*affichage du service*).

11 h. 3/4, cours de rédaction.

12 heures, dîner des chevaux (*exercice de la deuxième classe*).

1 h. 3/4, demi-appel.

2 heures, appel et pansage.

3 — départ des porteurs de soupe.

3 h. 1/4, repas des militaires de service dans les théâtres.

3 h. 3/4, parade des théâtres.

4 heures, soupe.

4 h. 1/4, repas des sous-officiers.

7 heures, souper des chevaux.

» retraite à l'heure fixée par la place.

9 heures, appel du soir et fermeture des portes.

10 — rentrée des sous-officiers.

10 h. 1[2, extinction des feux.

Service d'été.

Heures du service d'été, du 1er avril au 30 septembre.

5 heures, le réveil.

5 h. 1/4, déjeûner des chevaux (*arrivée des rapports à l'état-major*).

5 h. 3/4, demi-appel pour le pansage.

6 heures, appel et pansage (*ouverture des portes*).

6 h. 1/2, exercice de la deuxième classe (*infanterie*).

7 h. 1/4, promenade des chevaux.

8 heures, sonnerie pour les maréchaux des logis chefs (*pour le rapport à l'état-major*).

8 h. 1/4, repas des hommes prenant le service. .

8 h. 1/2, soupe.

8 h. 3/4, assemblée.

9 h.10m. rappel aux tambours et trompettes,

9 h. 1/4, appel pour l'infanterie et défilé de la garde.

9 h. 1/2, repas des sous-officiers et cours élémentaire.

11 heures, affichage du service.

11 h. 3/4, cours de rédaction.

12 heures, dîner des chevaux.

1 heure, exercice de la deuxième classe.

1 h. 3/4, demi-appel pour le pansage.

2 heures, appel et pansage.

3 heures, départ des porteurs de soupe.

3 h. 1/4, repas des militaires de service dans les théâtres.

3 h. 3/4, parade des théâtres.

4 heures, soupe.

4 h. 1/2, repas des sous-officiers.

7 h. 1/2, souper des chevaux.

»   retraite à l'heure fixée par la place.

9 h. 1/2, appel du soir et fermeture des portes.

10 h. 1/2, rentrée des sous-officiers.

11 heures, extinction des feux.

ART. 76.

Ration des chevaux.

Répartition de la ration des chevaux.

En temps ordinaire.

Au réveil, un tiers de foin.

Après le pansage, faire boire, donner une demi-ration d'avoine, un tiers de paille.

Après la rentrée de la promenade, un tiers de foin.

Après le pansage de deux heures, faire boire, une demi-ration d'avoine, un tiers de paille.

Au souper, un tiers de foin, un tiers de paille.

Pendant la saison des manœuvres.

Au réveil, un tiers d'avoine.

Après la manœuvre, un tiers de foin.

Une heure après, bouchonner, faire boire et donner un tiers d'avoine, un tiers de paille.

A deux heures, pansage, faire boire, donner un tiers d'avoine, un tiers de paille.

Au souper, deux tiers de foin, un tiers de paille.

MARÉCHAUX DES LOGIS CHEFS.

ART. 77.

Carnet du maréchal des logis chef.

§ 1er. Le maréchal des logis chef est pourvu d'un carnet conforme au modèle adopté sur lequel les décisions et le service sont inscrits. Il présente le carnet tous les jours à la rentrée du rapport, au visa de son capitaine, et le fait présenter de suite, par le maréchal des logis de semaine, au visa des officiers de la compagnie ou de l'escadron.

Maréchal des logis chef de semaine et fonctionnaire adjudant.

§ 2. Le maréchal des logis chef, appartenant à la compagnie ou à l'escadron du capitaine de semaine, est aussi de semaine comme fonctionnaire suppléant l'adjudant. Il remplace le titulaire toutes les fois qu'il est de service ou autorisé à sortir de la caserne ; il vient tous les jours au rapport avec le carnet de l'adjudant sur lequel il transcrit les ordres et décisions du colonel.

ART. 78.

Contrôle pour commander le service.

§ 1er. Pour qu'aucun poste ne se trouve totalement composé de nouveaux admis, le contrôle, pour commander le service, sera établi de la manière suivante :

§ 2. Le plus ancien garde prend le n° 1 du contrôle, le moins ancien le n° 2, le 2e plus ancien le n° 3, l'avant-dernier, par rang d'ancienneté, le n° 4 et ainsi de suite. Ce contrôle doit être renouvelé à chaque trimestre: les hommes qui arrivent dans cet intervalle sont intercalés de distance en distance.

Tours de service.

§ 3. Pour les tours de service, se reporter à ce qui est dit à l'art. 67 (Adjudants).

Rapports et imprimés.

§ 4. Toutes les pièces de comptabilité ou autres doivent être établies d'après les formats ou imprimés adoptés par le corps; il est interdit aux maréchaux des logis chefs d'en vendre aux gardes; ceux-ci doivent se pourvoir eux-mêmes de tous les imprimés dont ils peuvent avoir besoin.

ART. 79.

Hommes entrant à l'hôpital.

Les maréchaux des logis chefs doivent envoyer, chaque

matin, avec le rapport, pour être remis au médecin-chef du corps, un bulletin indiquant le nom des hommes entrés à l'hôpital, depuis vingt-quatre heures, ainsi que le numéro de la salle et du lit qu'ils occupent.

ART. 80.

Nouveaux admis.

§ 1er. Les maréchaux des logis chefs d'infanterie adressent, dans les vingt-quatre heures, à l'adjudant-major de leur bataillon, un bulletin indiquant les noms des nouveaux admis, la date de leur arrivée au corps et le régiment d'où ils sortent.

§ 2. Dans la cavalerie, les maréchaux des logis chefs adresseront un bulletin semblable au capitaine instructeur.

ART. 81.

Manœuvres et revues.

Les maréchaux des logis chefs assistent aux manœuvres ; ceux de la cavalerie montent les chevaux des hommes absents ou malades, par application de l'art. 229 du décret du 1er mars 1854 (*Gendarmerie*).

ART. 82.

Prix du remplacement dans le service.

Le prix du remplacement dans le service est fixé dans dans l'instruction municipale, chapitre IV.

ART. 83.

Liste des postes occupés par le corps.

Les maréchaux des logis chefs tiennent à la disposition

des officiers la liste exacte des postes qu'ils doivent visiter lorsqu'ils sont de ronde.

MARÉCHAUX DES LOGIS.

ART. 84.

Maréchaux des logis de semaine.

§ 1er. Le maréchal des logis de semaine n'est point commandé de service. Il tient avec exactitude le registre journalier sur lequel il inscrit avec le plus grand soin les noms des hommes de service et les noms des postes qui leur sont assignés. Il y inscrit également les ordres et décisions qui concernent exclusivement sa compagnie ou son escadron ; il le signe et le soumet, à l'heure de la parade, au visa du lieutenant de semaine, ainsi qu'il est dit ci-avant à l'art. 51 (*Lieutenants*).

Décisions et ordres.

§ 2. Le maréchal des logis de semaine communique aux lieutenants les décisions du rapport et les ordres qui arrivent dans la journée. Dans ce dernier cas, s'il ne trouve pas les officiers à leur logement il y laisse une note.

ART. 85.

Service de garde.

§ 1er. Tous les maréchaux des logis de la même caserne concourent, par arme, pour la garde en ville, et ensemble pour la garde à la police.

Garde en ville.

§ 2. Le maréchal des logis de garde en ville se conforme

au règlement sur le service des places, aux consignes particulières affichées dans les postes et au titre IV de l'Instruction municipale.

Garde à la police.

§ 3. Le maréchal des logis de garde à la police a les balayeurs civils à sa disposition pour la propreté du quartier.

Il s'assure que les ordures sont déposées par eux dans la rue avant le passage des tombereaux chargés de les enlever.

ART. 86.

Fermeture des portes de la caserne.

Il ferme lui-même les portes de la caserne, à l'appel du soir, et n'en confie les clefs à personne; il tient une note exacte des rentrées.

ART. 87.

Maréchal des logis de planton à la porte.

§ 1er. Le maréchal des logis de planton à la porte alterne, pour ce service, avec le maréchal des logis de garde à la police. L'adjudant fixe à chacun l'heure à laquelle il doit être de service.

Visites à la caserne. — Entrée des liquides.

§ 2. Le maréchal des logis de service à la porte informe sur-le-champ l'adjudant des visites d'officiers supérieurs, des entrées de liquides pour les pensions ou cantines; et enfin de tout ce qui peut intéresser le service ou la police.

ART. 88.

Maréchal des logis de garde chargé de faire éveiller pendant la nuit les militaires qui ont un service à faire avant le réveil.

Le maréchal des logis de garde à la police est chargé de faire éveiller, par des hommes de la garde, et, autant que possible, de la compagnie ou de l'escadron, les militaires qui ont à faire un service de nuit, les plantons qui doivent porter les rapports, les plantons de cuisine, etc... A cet effet, les maréchaux des logis de semaine lui remettront, chaque soir, à l'appel, le nom de ces militaires, le numéro de leur chambre et l'heure de leur service.

ART. 89.

Cuisines.

§ 1er. Le maréchal des logis de garde s'assure que les fourneaux des cuisines sont allumés à l'heure fixée, et que les cuisinières, porteurs et plantons sont présents. Il est chargé de la police des cuisines; mais, pour ce service, il peut se faire suppléer ou aider par le brigadier de garde.

§ 2. Après le repas du soir, il ouvre ou fait ouvrir la cuisine par le brigadier de garde pour donner la soupe aux hommes descendant de service dont les noms lui ont été remis.

ART. 90.

Cuisinières et porteurs.

§ 1er. Le maréchal des logis de service à la porte empêche les cuisinières de sortir de la caserne avant la fin de leur service.

§ 2. Il s'assure que les porteurs sortent bien exactement à l'heure fixée pour porter les repas aux hommes de service en ville.

§ 3. A leur sortie de la caserne, les uns et les autres sont visités par le maréchal des logis ou le brigadier de garde ou le sous-officier de planton, afin de s'assurer qu'ils n'emportent que leur repas du soir, lequel doit être, en tout point, semblable à celui des hommes de la compagnie ou de l'escadron.

ART. 91.

Rapport.

Le maréchal des logis de garde à la police remet tous les matins à l'adjudant-major son rapport particulier des vingt-quatre heures, comprenant : 1° la force du poste et le nom des hommes qui le composent; 2° le tableau indiquant l'heure de la rentrée des divers services de jour et de nuit: 3° les dégradations; 4° les rondes de jour ou de nuit faites par lui ou par le brigadier de garde, ainsi que les heures de ces rondes; 5° les heures de départ et de rentrée des détachements extraordinaires, ainsi que les noms des commandants de ces détachements; 6° un tableau indiquant la rentrée des sous-officiers et autres permissionnaires; 7° l'heure de départ et d'arrivée des ordonnances et plantons ; 8° l'heure de rentrée des hommes manquant aux appels et leurs observations sur ces hommes; 9° les arrestations faites par le poste, etc., etc.

ART. 92.

Détachements.

Les maréchaux des logis, chefs des détachements, se conforment à ce qui est dit à l'art. 47 pour les officiers.

ART. 93.

Service des théâtres et bals.

Les sous-officiers de service dans les théâtres et bals se conforment aux prescriptions du chapitre V de l'*Instruction municipale.*

FOURRIERS.

ART. 94.

Fourrier de semaine.

Le fourrier appartenant à la compagnie ou à l'escadron du capitaine de semaine est aussi de semaine et se rend tous les jours à une heure à l'état-major pour copier, sur le carnet ou le livre d'ordres de l'adjudant, les décisions ou ordres survenus depuis le rapport du matin.

Manœuvres et revues.

Les fourriers assistent aux manœuvres; ceux de la cavalerie sont montés comme il est dit pour le maréchal des logis chef (art. 81).

BRIGADIERS.

ART. 95.

Les brigadiers forment les nouveaux admis aux usages et au service du corps; les instruisent sur les diverses parties du service intérieur et extérieur et leur enseignent, selon l'arme, la manière de placer les effets sur les planches; de rouler le manteau en sautoir et de le plier pour le mettre sur le cheval, de paqueter le havre-sac ou le portemanteau, de charger le cheval, etc.

ART. 96.

Placement des effets dans les chambres de l'infanterie.

Le placement des effets sur les planches, dans les chambres de l'infanterie, est réglé sur la longueur de la veste; les effets sont placés dans l'ordre suivant :

1° Sur la première planche, la capote pliée en deux, les manches se joignant et faisant un pli du côté des revers, depuis leur échancrure jusqu'au bas des basques, et un autre, depuis le bas de la taille, de sorte que la capote forme un carré long, la plier ensuite de la longueur de la veste et la placer le dos en arrière;

2° Le pantalon de drap, plié comme il est indiqué au § 1er de l'art. 97, mais de la longueur de la veste;

3° Les pantalons blancs, pliés de la même manière s'ils doivent figurer au paquetage. A moins d'ordres contraires, ils sont placés dans les malles;

4° L'habit de grande tenue, plié comme il est prescrit au § 6 de l'art. 97;

5° Le surtout, plié de la même manière que l'habit;

6° La veste, pliée comme il est prescrit au § 8 de l'article 97;

7° Le képy, posé sur la veste, comme il est indiqué au § 10 du même article;

8° Le havre-sac, sur la même planche, à côté et à droite des effets;

9° Sur la seconde planche, le chapeau dans son étui, étiqueté au nom de l'homme, portant sur son ceintre et présentant son écusson, et enfin le carton à aiguillettes. Le schako des hommes de piquet est placé sur son calot sur la première planche, au-dessous de son étui et à côté des effets, la plaque en avant;

10. On se conformera exactement pour le reste aux §§ 16, 17, 18 et 19 de l'art. 97.

ART. 97.

Placement des effets dans les chambres de la cavalerie.

Le pliage des effets est réglé sur la longueur du portemanteau. Les effets sont placés dans l'ordre suivant :

1° Sur la première planche, le pantalon de tricot retourné et plié en reportant un côté sur l'autre, le pont en dedans, les coutures des côtés réunies. Le plier ensuite dans sa longueur sur celle du portemanteau, en rentrant le derrière de la ceinture, pour qu'il soit carré, le fond en arrière;

2° Le pantalon bleu collant, retourné, plié et placé de même;

3° Le pantalon bleu large, plié de la même manière;

4° Les pantalons blancs, pliés de la même manière, ainsi que le pantalon de treillis, lorsqu'ils doivent figurer sur la planche, mais sans être retournés. A moins d'ordre contraire, ils sont placés dans les malles.

5° Les gros gants, les doigts en arrière et l'entrée en avant à chaque extrémité du paquetage;

6° L'habit de grande tenue, plié ainsi qu'il suit : l'étendre sur le lit, relever les manches, les plier sur elles-mêmes à la hauteur de la taille, ramener un côté de la poitrine sur l'autre, les basques placées l'une sur l'autre, replier les basques sur elles-mêmes du côté du cran de la taille, de manière que l'habit soit de la longueur du portemanteau; mettre le plastron plié sur lui-même, la doublure en dedans, entre les deux basques, placer ensuite l'habit sur la charge, la poitrine en arrière, le collet tourné du côté opposé à l'entrée de la chambre;

7° Le surtout placé et plié de la même manière que l'habit;

8° La veste d'écurie pliée ainsi qu'il suit : l'étendre sur le lit comme l'habit, relever les manches de même, ramener les deux poitrines de manière que les boutons et boutonnières se joignent sur le milieu du dos, la replier en dedans, les poitrines l'une sur l'autre;

9° Le portemanteau;

10° Le képi posé à plat sur le portemanteau, la visière en avant;

11° Sur la deuxième planche, la housse pliée sur elle-même dans sa longueur la doublure en dehors, le bas en avant lorsque les planches le permettent, afin de ne pas fatiguer les cuirs qui la garnissent; dans le cas contraire, plier les devants à la hauteur de l'entre-jambe en les ramenant dessus, faire de même avec le derrière et le placer dans son travers;

12° Les chaperons à plat, les doublures en dessus;

13° Le manteau plié comme il sera indiqué plus loin, le rouge en dessous pour les jours ordinaires et en dessus pour l'inspection et visites de chambres;

14° Le casque sur un champignon mobile et à vis à droite du manteau, le porte-plumet en dehors;

15° Le chapeau dans son étui, étiqueté au nom de l'homme. L'étui portant sur son cintre et présentant son écusson, est placé à gauche du manteau, et ensuite le carton d'aiguillettes;

16° Les petites bottes accrochées derrière la tête du lit;

3

17° Nul autre effet ne doit être mis dans ce paquetage, ni dessous ni derrière, les malles étant destinées à recevoir les effets supplémentaires et le linge. Les cavaliers sont pourvus d'une musette renfermant les effets de pansage. Le bridon est placé entre cette musette et celle de pansage. Les sabots sous la tête du lit;

18° Il est bien entendu que l'effet dont le garde est vêtu lors de l'inspection ne sera pas remplacé sur les planches. Les housses et chaperons sont exceptés de cette mesure, ils figureront en double lorsque les gardes en seront pourvus de deux paires;

19° Tous les samedis, après le nettoyage général, les planches sont essuyées et lavées, si cela est nécessaire, avant d'y replacer les effets qui sont entièrement couverts d'une toile grise placée sur encadrement en bois et qui n'est retirée que pour les revues des chambres lorsque l'ordre de la retirer en est donné. Alors elle est pliée en plusieurs double et placée sur les effets de manière à ne point les déborder.

Les brides et les grosses bottes sont accrochées aux porte-brides et crochets destinés pour cet objet.

Art. 98.

Infanterie.

Manière de plier et de porter le manteau en sautoir.

§ 1er. Plier le manteau en deux dans le sens de sa longueur, l'envers en dehors, de placer sur une table et faire disparaître les plis, rabattre le haut du manteau de 52 centimètres y compris le collet, relever le bas de 20 centimètres et les deux pointes pour former un rectangle, rabattre le manteau en le pliant quatre fois sur lui-même, tirer sur les bouts, le plier au milieu et fixer les deux bouts avec la petite courroie, à 8 centimètres de leur extrémité, passer la tête et le bras droit dans le rouleau de manière que le milieu porte sur l'épaule gauche et que l'extrémité soit au-dessous de la hanche droite, la boucle de la courroie en dedans, le pli du drap dirigé vers la terre.

Manière de plier le manteau pour le placer sur le sac.

§ 2. Lorsque le manteau devra être placé sur le sac : le plier en deux comme ci-dessus, l'envers en dehors, rabattre le collet sur une largeur de 25 centimètres environ, relever également le bras de la même largeur, replier les deux pointes pour former un rectangle de 1 mètre 12 centimètres de longueur, replier la partie inférieure de 11 centimètres pour former portefeuille, rouler le manteau en commençant du côté du collet, faire passer la partie roulée par-dessus le portefeuille pour faire le pli, dérouler un peu et engager la partie roulée dans le portefeuille en ayant soin de fixer d'abord les deux bouts et d'y engager ensuite le milieu, tirer sur les deux bouts pour faire disparaître les plis et placer le manteau sur le sac, l'ouverture du pli du côté du dos de l'homme, le fixer d'abord avec la grande courroie et ensuite avec les autres, le haut des boucles à hauteur du pli du portefeuille.

Art. 99.

Cavalerie.

Manière de rouler le manteau en sautoir.

Le manteau étant déployé dans son entier, les manches sont mises sur leur plat et étendues parallèlement aux deux devants du manteau; chacune d'elles est ensuite relevée et pliée en deux près du coude de manière à donner, d'un coude à l'autre, la longueur de 2 mètres 16 centimètres, et que le milieu du manteau reste vide; le grand collet est rabattu par-dessus les manches, de manière que les devants couvrent exactement ceux du manteau et que les deux plis que forme son ampleur se trouvent dans la direction des fausses poches.

L'extrémité inférieure du manteau est relevée d'environ 27 centimètres; les pans le sont également l'un vers l'autre, de sorte qu'ils touchent le pli des manches, et que, repliés une deuxième fois sur eux-mêmes, ils donnent au manteau la forme d'un carré long; on renverse ensuite l'extrémité inférieure du manteau d'environ 17 centimètres et on le roule aussi serré que possible, en commençant par le côté du collet, appuyant le genou au fur et à mesure sur la partie roulée pour le contenir. Cette partie roulée du manteau est alors introduite dans le portefeuille formé par la partie renversée.

ART. 100.

Cavalerie.

Manière de plier le manteau pour le placer sur le cheval.

1° Ramener les deux côtés l'un sur l'autre, les doublures en dehors, faisant sortir le grand collet de l'intérieur le long du petit collet, l'étendre sur une table, ramener le bas sur le haut, ajuster ces deux plis de manière que le manteau se trouve plus long d'environ 5 centimètres que le portemanteau.

2° Plier les doublures l'une sur l'autre de manière qu'elles forment portefeuille, ramener en même temps le grand collet, l'étendre par pli, à peu près comme il le faut, sur la longueur que l'on donne à son manteau, ramener le bas en le pliant en quatre ou cinq parties que l'on aplatit et que l'on fait entrer dans le premier pli dit portefeuille, formé par la doublure, frapper le manteau avec les deux mains et ajuster les plis de côté.

ART. 101.

Infanterie.

Paquetage du havre-sac.

Les effets sont paquetés dans l'ordre suivant dans le havre-sac :

Deux chemises roulées de la longueur du sac et très-serrées, un pantalon blanc et un caleçon également pliés de la longueur du sac, un serre-tête, deux mouchoirs de poche, un col, la trousse garnie, une paire de gants, une brosse à boutons, une patience placée verticalement, une brosse à habits, un peigne, le livret placé entre les effets et la partie du sac du côté de la patelette. Lorsque l'ordre est donné de placer dans le sac les paquets de cartouches supplémentaires, trois paquets sont placés sur le dessus du sac, au-dessous de la planchette ; les deux autres paquets sont placés dans les petites poches qui existent sous la patelette du sac.

ART. 102.

Cavalerie.

Paquetage du portemanteau.

Les effets qui doivent entrer dans le portemanteau sont :

Le pantalon bleu large, le pantalon de tricot blanc ou la hongroise, un pantalon de coutil blanc et celui de treillis, deux chemises, un caleçon, un col, une paire de gants, la trousse, deux mouchoirs, deux serre-tête, une paire de chaussettes, la veste d'écurie sous la patte du portemanteau. En cas d'insuffisance de ces effets, on complète le paquetage par le second pantalon de coutil blanc et une autre chemise.

Les pantalons retournés, pliés sur eux-mêmes dans la largeur du portemanteau, sont bien étendus dans le fond, dans l'ordre désigné ci-dessus, les autres effets ou objets sont placés et répartis également dans le portemanteau et dans les bouts, la patience qui est de la longueur du devant du surtout est placée par-dessus les effets pour maintenir la charge droite.

ART. 103.

Portemanteau et manteau.

Manière de les charger sur le cheval.

Le portemanteau se place à plat sur le coussinet ou sur le prolongement de l'arçon de la selle; il est assujetti au moyen de trois courroies; celle du milieu, qui se boucle la première, doit être fortement serrée pour empêcher, dans les allures vives, la charge de pencher à droite ou à gauche. Cette courroie divise le portemanteau en deux parties égales. Les deux autres courroies, qui se bouclent ensuite, maintiennent le portemanteau horizontalement; elles doivent être serrée également, mais un peu moins que celle du milieu; elles sont placées de manière à partager le portemanteau en trois parties égales. Les boucles des trois courroies doivent être à la même hauteur, le bas de la boucle du côté de l'enchapure, arrivant à la couture de la patelette. Le portemanteau ne doit faire aucun pli.

Le manteau se place sur le portemanteau, la parementure

en dessus. Il est maintenu au moyen des boucletaux et des deux courroies de charge de côté. Ces courroies divisent le manteau en trois parties égales. Elles doivent être suffisamment serrées, pour l'empêcher de se déranger au mouvement du cheval.

Le rouleau des boucles qui arrive à la couture de la parementure doit être à environ 50 millimètres du bord supérieur du passant fixe des courroies de charge, de manière à ne laisser que deux trous visibles.

L'extrémité de ces courroies est engagée dans un passant mobile qui se trouve entre le troussequin et le portemanteau.

La charge doit être d'aplomb, c'est-à-dire qu'elle ne doit pencher ni en avant ni en arrière.

Pour le service habituel, le manteau, plié de la manière dite : en portefeuille, se met sur le cheval sans portemanteau. Il est aussi assujetti au moyen de deux courroies de charge parallèles divisant sa longueur en trois parties égales. Les rouleaux des deux boucles doivent arriver à la couture de la parementure écarlate.

Aucun bout de cuir du harnachement ne doit être roulé ou replié sur lui-même.

Les ustensiles de pansage sont roulés dans l'époussette et rangés dans la sacoche de droite, celle de gauche devant être exclusivement réservée aux pistolets et aux objets de sûreté. Il ne doit être placé sous la housse, ni bridon d'abreuvoir, ni musette de propreté.

ART. 104.

Brigadiers logés en ménage.

Les brigadiers logés en ménage doivent coucher dans leur

chambrée. Dans aucun cas, ils ne cessent d'être responsables des devoirs de chambrée auxquels sont assujettis les autres brigadiers, tels que appels, tenue de leur escouade, etc.

ART. 105.

Brigadier d'ordinaire.

§ 1er. Les brigadiers sont désignés, à tour de rôle, pour tenir l'ordinaire. Ils ne peuvent être changés que sur l'ordre du colonel.

§ 2. Le brigadier d'ordinaire ne monte la garde qu'au poste de la police du quartier; en conséquence son tour peut être avancé ou reculé.

ART. 106.

Les militaires mariés, logés à la caserne, peuvent être dispensés de vivre à l'ordinaire.

§ 1er. Les militaires mariés et logés à la caserne peuvent être dispensés de vivre à l'ordinaire.

Les militaires ne vivant pas à l'ordinaire sont autorisés à y prendre leurs repas les jours où ils sont de service.

§ 2. Les militaires mariés, autorisés à vivre chez eux, peuvent prendre leur repas à l'ordinaire, les jours où ils sont de service, en prévenant d'avance le maréchal des logis chef, qui leur retient le prix des repas qu'ils ont reçus de l'ordinaire.

§ 3. Le prix des repas est fixé par le colonel.

Sous-officiers autorisés à vivre à l'ordinaire.

§ 4. Les sous-officiers autorisés à vivre à l'ordinaire y versent cinq centimes par jour de plus que les gardes.

Ordonnances d'officiers supérieurs et travailleurs.

§ 5. Les ordonnances d'officiers supérieurs et les travailleurs autorisés à ne pas faire de service doivent verser 8 fr. par mois à l'ordinaire.

Militaires en permission de moins de huit jours.

§ 6. Les militaires en permission au-dessous de huit jours ne sont pas défalqués de l'ordinaire.

ART. 107.

Le brigadier d'ordinaire est toujours accompagné pour les achats.

Pour tous les achats, le brigadier d'ordinaire se fait accompagner par deux gardes qui ont le droit de débattre les prix et de refuser les denrées si elles leur paraissent de mauvaise qualité.

Inscription des denrées en bloc ou en grande quantité.

Lorsque les denrées sont achetées en bloc ou en grande quantité pour plusieurs repas, l'inscription du total n'en est pas moins faite sur le livret, le jour de l'achat, en présence des hommes de corvée qui le signent. Le prix du transport, s'il y en a, est porté séparément.

ART. 108.

Responsabilité du planton de cuisine.

§ 1er. Le planton à la cuisine a mission, comme le chef d'ordinaire, de surveiller les cuisinières et de s'assurer que

3.

les denrées alimentaires destinées à chaque repas sont inté-
gralement employées.

§ 2. A cet effet, il compte ou pèse les denrées apportées à
la cuisine par les fournisseurs et les fait mettre dans les mar-
mites en sa présence.

§ 3. Après la cuisson des aliments, il veille à ce que les
cuisinières en fassent une répartition égale dans les gamelles,
et il porte une attention toute particulière à ce qu'il ne soit
rien détourné au préjudice de l'ordinaire.

§ 4. Avant de quitter la cuisine, il s'assure que les gamelles
destinées aux hommes descendant de service sont placées
sur le fourneau de façon à conserver chauds les aliments
qu'elles contiennent.

Art. 109.

Dépenses au compte de l'ordinaire.

Les dépenses non prévues par l'ordonnance du 2 novembre 1833, qui peuvent être portées au livret d'ordinaire,
sont :

1° Le pain;

2° Le combustible pour la cuisine et les chambres ;

3° Le salaire de la cuisinière et du porteur, ainsi que leur
nourriture ;

4° L'étamage des gamelles;

5° La graisse pour les pieds des chevaux ;

6° Le remplacement, d'après une autorisation du colonel,
des ustensiles mentionnés à l'art. 39 *(Capitaines)*;

7° L'entretien des ustensiles de propreté dans les postes;

8° Les balayeurs, à raison de 30 centimes par homme et
par mois. Les sous-officiers et gardes ne vivant pas à l'ordi-

naire versent 30 centimes par mois pour le balayage et les officiers logés dans la caserne en versent 60.

Art. 110.

Brigadier de semaine.

§ 1er. Le brigadier de semaine n'est point commandé de service.

§ 2. A huit heures un quart le matin et à trois heures un quart le soir, il se rend à la cuisine pour veiller, conjointement avec le maréchal des logis ou le brigadier de garde, à la distribution du repas des hommes prenant le service.

§ 3. Il remet à ce dernier les noms des militaires employés hors de la caserne qui doivent rentrer après l'heure du repas, afin que la cuisine leur soit ouverte pour prendre leurs gamelles.

§ 4. A l'heure fixée pour le départ des porteurs, le brigadier de semaine se rend à la cuisine pour veiller à ce que le dîner soit envoyé bien exactement à tous les hommes de service.

Changement dans la tenue des hommes de garde dans les postes extérieurs.

§ 5. Lorsque la tenue doit être changée dans les postes, il veille également à ce que tous les effets nécessaires à ce changement soient portés à tous les hommes.

Visite du médecin.

§ 6. Lorsque le médecin vient passer la visite des hommes, le brigadier de semaine lui remet le livret des malades et lui présente les hommes; il le conduit dans les chambres des malades qui ne peuvent se rendre à la salle de visite.

Art. 111.

Brigadier de garde à la police.

§ 1er. Les brigadiers de garde à la police se conforment à ce qui est dit pour le maréchal des logis.

Le brigadier de garde surveille les cuisines.

§ 2. Le brigadier de garde peut être chargé par le maréchal des logis chef de poste, et sous sa surveillance, de la police des cuisines, particulièrement jusqu'au réveil et aux heures qui précèdent et suivent les repas; il se conforme à ce qui est dit pour le brigadier de semaine (art. 110, §§ 2 et 3); il veille à ce qu'aucun militaire n'enlève son repas avant la batterie ou sonnerie réglementaire, fait nettoyer les cuisines, et, lorsque les gamelles vides ont été rapportées, il ferme la porte et remet la clef au maréchal des logis de garde.

Art. 112.

Service des théâtres et bals.

Les brigadiers concourent entre eux, par caserne, pour le service des théâtres et bals; ils se conforment, pour ces services, à ce qui est dit pour les maréchaux des logis.

GARDES.

Art. 113.

Responsabilité et autorité du plus ancien.

A défaut de brigadier dans une chambrée ou dans un service, le plus ancien garde présent en a toute l'autorité et la responsabilité.

ART. 114.

Gardes logés en ménage.

Les gardes logés en ménage doivent assister dans leurs chambrées et à leur rang aux appels, revues, corvées, etc., comme tous les autres gardes.

DEVOIRS GÉNÉRAUX ET COMMUNS AUX DIVERS GRADES.

ART. 115.

Rapport journalier.

§ 1er. Le rapport général a lieu chez le colonel.

§ 2. A cet effet, tous les matins, le lieutenant-colonel, les chefs d'escadron et l'adjudant-major de semaine, ainsi que les maréchaux des logis chefs se rendent à l'état-major du corps:

§ 3. A l'heure fixée, l'adjudant-major de semaine fait l'appel des maréchaux des logis chefs. Immédiatement après, le chef d'escadron de semaine le plus ancien prend connaissance du rapport et recueille près des maréchaux des logis chefs tous les renseignements nécessaires.

Le lieutenant-colonel reçoit le rapport du chef d'escadron; il en fait la lecture ou la fait faire à haute voix.

Il se rend ensuite chez le colonel, accompagné des chefs d'escadron et de l'adjudant-major de semaine, lui présente le rapport général et prend ses ordres.

Le major se rend directement chez le colonel.

Le colonel prononce sur les objets contenus au rapport,

ainsi que sur les événements survenus dans les différents services pendant les vingt-quatre heures, et donné tous les ordres relatifs au service.

§ 4. L'adjudant-major prend note de toutes les décisions du colonel pour les dicter aussitôt aux maréchaux des logis chefs. Il fait communiquer aux officiers de l'état-major les dispositions qui les concernent.

§ 5. Les officiers de tous grades ne doivent jamais s'absenter de leurs logements ou de la caserne sans avoir pris connaissance des décisions du rapport.

ART. 116.

Visites des officiers arrivant au corps.

Les officiers qui arrivent au corps et les sous-officiers promus sous-lieutenants se présentent immédiatement au colonel et le plus promptement possible au lieutenant-colonel de leur arme, à leur chef d'escadron et à leur capitaine.

Aussitôt qu'ils sont habillés et en état de prendre leur service, ils en rendent compte par la voie du rapport et font sans retard une visite en tenue du jour à tous les officiers supérieurs et, selon le grade, aux adjudants-majors de leur arme et aux capitaines de leur caserne.

ART. 117.

Droit au logement.

§ 1er. Le colonel, le major, le capitaine adjudant-major chargé du bureau de service, le capitaine trésorier, le capitaine d'habillement et l'adjoint au trésorier sont logés dans le bâtiment réservé à l'état-major du corps, et disposé en même temps pour recevoir les bureaux du colonel, du major, du trésorier, du capitaine d'habillement, la salle du rapport, celle du conseil d'administration et le magasin d'habillement.

Un médecin et le pharmacien sont toujours logés dans les casernes où sont établies l'infirmerie et la pharmacie du corps.

§ 2. Les logements d'officiers dans les casernes sont donnés aux officiers appartenant aux bataillons, compagnies ou escadrons installés dans ces casernes.

§ 3. Le droit au logement est déterminé, selon le grade, d'après la date d'arrivée dans chaque caserne.

§ 4. Aucun officier ne peut céder ou changer son logement sans autorisation préalable du colonel.

§ 5. Lorsqu'un logement devient vacant, le choix en appartient à l'officier le plus anciennement logé dans la caserne ou, à son défaut, au premier ayant droit au logement dans ladite caserne.

§ 6. Si, avec le consentement du colonel, un officier renonce au logement auquel son ancienneté lui donne droit, il ne prend rang, pour y concourir de nouveau, que du jour de sa renonciation.

§ 7. Un officier changé d'office de caserne, dans un intérêt de service, conserve dans sa nouvelle caserne les droits absolus que lui donne son ancienneté.

ART. 118.

Certificats.

Il est expressément défendu à tout militaire du corps, quel que soit son grade, de signer ou délivrer des certificats ou attestations de services ou de moralité sous quelque forme et en quelques termes que ce soit.

Art. 119.

Casernes consignées.

Chaque fois que les casernes sont consignées, tous les militaires du corps, dès qu'ils en ont connaissance, rentrent dans leurs casernes et se mettent en tenue. Les officiers s'y rendent également en tenue de service et tous se tiennent prêts à marcher.

Art. 120.

Ordonnances à cheval.

§ 1er. Les officiers faisant un service à cheval sont toujours escortés par un cavalier.

§ 2. Pour un service de ronde, ce cavalier est pris dans leur caserne; mais, lorsqu'il n'y en a pas, il est demandé par écrit au chef du poste de la préfecture de police qui envoie, à l'heure indiquée par la lettre, un des cavaliers placés sous ses ordres.

Officiers de service à cheval.

§ 3. Les officiers montant à cheval, pour raison de service, sont autorisés à se faire conduire leurs chevaux par leur ordonnance, mais seulement à leur logement.

Art. 121.

Ordonnances des officiers pour panser leurs chevaux.

§ 1er. Les officiers sont autorisés à prendre dans leurs compagnies ou escadrons un garde pour panser leurs chevaux et entretenir leurs armes.

§ 2. Ces gardes ne sont dispensés d'aucun service. Ceux des officiers supérieurs sont seuls autorisés à payer leur service. Certaines éventualités obligeant les capitaines à monter instantanément à cheval, leurs ordonnances sont commandés de préférence pour le service de la garde de police, ou la garde d'écurie, ce qui leur permet, en outre, de soigner leurs chevaux. Pour ceux qui sont à la police, le chef du poste leur permet de s'absenter pour le pansage et le temps strictement nécessaire pour donner à manger aux chevaux.

Il en est de même pour les ordonnances des lieutenants de cavalerie, si toutefois le nombre d'hommes non montés permet ces changements dans les tours de service.

Art. 122.

Chiens et volailles.

Il est défendu d'avoir des chiens, des volailles ou autres animaux dans les casernes.

Art. 123.

Incendies.

§ 1er. Dans chaque compagnie, les sections sont désignées, à tour de rôle, pour marcher la nuit comme travailleurs dans le cas où un incendie viendrait à se manifester. Dans chaque escadron, un peloton à pied est désigné pour le même service. Les militaires de ces sections ou pelotons sont prévenus à l'avance qu'ils sont les premiers à marcher, le maréchal des logis chef commande, dans la section désignée, quatre gardes et un brigadier en armes pour accompagner les travailleurs. Chaque escadron fournit également trois cavaliers à cheval. Ces militaires armés sont placés sous les ordres d'un sous-officier commandé par l'adjudant et à la disposition de l'officier de piquet, qui prend le commandement des détachements armés et non armés.

§ 2. Les militaires rentrant après minuit du service des théâtres, bals et soirées; les plantons de cuisine, les brigadiers d'ordinaire, les sous-officiers et brigadiers de semaine, les militaires commandés de garde pour le lendemain, ne marchent pas pour ce service, à moins de nécessité absolue.

§ 3. Pendant le jour, lorsqu'un incendie se manifeste, le capitaine de semaine réunit les militaires présents à la caserne et envoie des détachements de la force indiquée dans le 1er paragraphe. Il n'est pas commandé de militaires armés dans les compagnies, mais seulement les trois cavaliers à cheval prescrits au même paragraphe. Les militaires du piquet de vingt-quatre heures marchent en armes avec les travailleurs munis de seaux à incendie, et si, à sept heures du soir, ils ne sont point rentrés, le capitaine de semaine les fait relever par des militaires armés commandés dans les compagnies.

Devoirs à remplir dans les casernes dès qu'un incendie est signalé.

§ 4. Pendant la nuit, aussitôt que le maréchal des logis de garde à la police est prévenu qu'un incendie vient d'éclater, il en donne immédiatement avis à l'adjudant qui en prévient le capitaine de semaine. L'adjudant fait préalablement donner un premier avertissement, au moyen de trois coups de baguette, et fait prévenir en même temps le lieutenant de piquet ainsi que les sous-officiers et brigadiers de semaine qui se hâtent de faire descendre les militaires de la section ou du peloton qui doit marcher, puis on attend les ordres du commandant de la place ou les réquisitions des autorités civiles pour faire sortir les détachements qui ont été formés à cet effet.

Devoirs de l'officier de piquet à son arrivée au lieu de l'incendie.

§ 5. Le lieutenant de piquet, après avoir pris les ordres du capitaine, se rend immédiatement sur le lieu du sinistre où il se concerte avec les autorités présentes, civiles ou militaires.

Aussitôt après son arrivée, il détache l'un des trois cavaliers pour venir rendre compte au capitaine de semaine de la gravité de l'incendie et des dispositions prises.

Dispositions à prendre par le capitaine de semaine.

§ 6. Le capitaine, d'après les renseignements qui lui parviennent, peut, si les circonstances l'exigent, envoyer un nouveau détachement sur le lieu du sinistre. Il en donne le commandement à l'un des officiers de semaine.

§ 7. Si l'incendie offre un certain caractère de gravité, le capitaine en prévient les officiers supérieurs de la caserne qui se rendent sur les lieux.

Les feux de cheminée et les incendies qui ne présentent aucun danger sont simplement mentionnés sur le rapport du capitaine de semaine.

Réserve à conserver dans les casernes.

§ 8. Le capitaine de semaine ne doit jamais dégarnir entièrement la caserne, il doit y laisser toujours, savoir : dans les casernes de trois compagnies ou escadrons, cent hommes, y compris la garde de police et le piquet, et cinquante hommes dans celles de moins de trois compagnies ou escadrons.

Devoirs du plus ancien officier présent sur le lieu de l'incendie.

§ 9. L'officier le plus élevé en grade ou, à grade égal, le plus ancien de ceux qui se trouvent réunis sur le lieu de l'incendie, prend le commandement en mettant ses hommes à la disposition de l'autorité compétente.

Tenue des officiers se rendant sur le lieu de l'incendie pendant la nuit.

§ 10. Pendant la nuit, les officiers, autres que ceux de piquet, qui se rendent sur le lieu de l'incendie sont en capote avec épaulettes, épée et képy; ceux commandant un détachement armé sont en tenue de service.

§ 11. Tous les détachements sont conduits en bon ordre.

Devoirs des militaires armés et non armés arrivés sur le lieu de l'incendie.

§ 12. Les militaires en armes qui se trouvent à l'incendie sont exclusivement chargés de faire la police et de surveiller les objets qui sont déposés sur la voie publique; les piquets de travailleurs sont exclusivement chargés de former la chaîne pour le transport de l'eau et aider à la manœuvre des pompes. Les militaires ne doivent jamais pénétrer dans les maisons pour déménager les meubles sans être formellement requis par les commissaires de police ou officiers de paix présents sur les lieux, ou les chefs des maisons incendiées.

Seaux à incendie.

§ 13. Les seaux à incendie sont laissés sur les lieux, réunis autant que possible dans un seul emplacement.

Rapport du chef de détachement. — Blessures, effets détériorés.

§ 14. Après le renvoi des détachements, l'officier de service signale, sur le rapport qu'il adresse au colonel, l'heure de son arrivée et de son départ, les causes du sinistre, le nom du propriétaire de la maison incendiée, le nom de la rue, le numéro de la maison, l'évaluation approximative de la perte. Il indique les accidents survenus, les militaires qui se sont distingués par leur intelligence, leur zèle et leur dévouement, ceux qui ont reçu des blessures, ceux enfin dont les effets auraient été détériorés par le fait du service et auxquels il délivre, dans les vingt-quatre heures, un certificat constatant la nature des pertes ou détériorations. Il mentionne également le nombre des militaires qu'il aurait été obligé de laisser sur les lieux du sinistre pour le maintien de l'ordre au moment du renvoi des détachements.

INSTRUCTION.

ART. 124.

Officiers et sous-officiers désignés pour faire la théorie dans chaque caserne et pour l'instruction de la deuxième classe.

§ 1er Des officiers et sous-officiers sont désignés par caserne pour seconder les adjudants-majors d'infanterie et le capitaine instructeur dans l'instruction théorique et pratique.

Passage des hommes de la deuxième classe à l'école de bataillon ou d'escadron.

§ 2. Lorsque les adjudants-majors d'infanterie ou le capitaine instructeur jugent les nouveaux admis suffisamment instruits, ils en rendent compte à leurs chefs d'escadron, qui examinent ces hommes et, sur leur avis, le lieutenant-colonel propose au colonel leur passage à l'école de bataillon ou d'escadron.

Art. 125.

Instruction équestre des officiers et sous-officiers candidats.

§ 1er. Les officiers sortant de l'infanterie suivront le cours équestre. Il en sera de même des sous-officiers de cette même arme proposés pour officiers. Les uns et les autres s'arrangeront de gré à gré avec les cavaliers pour se faire prêter leurs chevaux.

§ 2. Pourront être exemptés ceux qui, après examen du lieutenant-colonel, auront été jugés suffisamment instruits.

Art. 126.

Obligation de fréquenter les écoles.

§ 1er. Dans le corps, la fréquentation des écoles est une obligation pour tous les militaires dont l'instruction n'est pas complète sous le rapport de l'écriture, de l'orthographe, de la rédaction et de l'arithmétique.

Nouveaux admis conduits au moniteur général.

§ 2. Tout nouvel admis est conduit par le brigadier de semaine au moniteur général de la caserne qui l'inscrit sur le registre de l'école et lui fait écrire quelques lignes sur la feuille spéciale afin de constater son degré d'instruction.

Militaires changeant de caserne.

§ 3. Lorsqu'un militaire, suivant les cours de l'école, change de caserne, le maréchal des logis chef en informe le moniteur général; celui-ci envoie au moniteur général de la nouvelle caserne où se rend le militaire, la feuille spéciale et les notes qui le concernent.

Service des moniteurs.

§ 4. Les moniteurs généraux ne montent la garde que le samedi à la police.

§ 5. Les moniteurs particuliers la montent le jeudi également à la police : les uns et les autres font leur service des théâtres.

Art. 127.

École des enfants de troupe.

L'école des enfants de troupe a une organisation spéciale; elle est dirigée par des officiers, sous-officiers, et désignés par le colonel, sur la présentation du major.

TENUES.

Art. 128.

Tenue pour l'infanterie.

Il y a quatre tenues pour l'infanterie :

1° Tenue du matin;

2° Tenue du jour;

3° Grande tenue;

4° Tenue de ville.

Tenue du matin.

§ 1er. La tenue du matin pour les officiers est toujours en capote et képi jusqu'à midi.

Pour les sous-officiers, elle est en capote l'hiver et en surtout l'été.

Pour les brigadiers et gardes, elle est en veste.

Tenue du jour.

§ 2. La tenue du jour est en capote l'hiver et en surtout l'été, aiguillettes, sabre, giberne et schako.

Grande tenue de service.

§ 3. La grande tenue est en habit, schako avec plumet.

Tenue de ville.

§ 4. Hors du service, les officiers, sous-officiers, brigadiers et gardes portent le chapeau; les officiers, les sous-officiers et brigadiers portent l'épée.

Pantalon blanc.

§ 5. Le pantalon blanc n'est porté que lorsque le colonel en donne l'ordre.

Art. 129.

Tenue pour la cavalerie.

La cavalerie à quatre tenues à pied et deux à cheval :

1° La tenue du matin et d'écurie;

2° La tenue du jour à pied;

3° La grande tenue à pied;

4° La tenue de ville;

5° La tenue du jour à cheval;

6° La grande tenue à cheval.

Tenue du matin et d'écurie.

§ 1er. La tenue du matin est en veste et képi, pantalon de treillis pour l'intérieur, pantalon de drap pour l'extérieur. La blouse est permise pour le service d'écurie et le planton de cuisine.

Service à pied.

§ 2. La tenue du jour de service à pied est en pantalon bleu, surtout, aiguillettes, ceinturon en sautoir, giberne, porte-baïonnette et casque.

§ 3. La grande tenue à pied est la même que ci-dessus, avec cette différence que l'habit remplace le surtout et que le plumet est au casque.

Service à cheval.

§ 4. La tenue du jour à cheval est en surtout, aiguillettes, hongroise bleue, grosses bottes, sabre en ceinturon, giberne et casque.

§ 5. La grande tenue est en habit, aiguillettes, hongroise blanche, grosses bottes, giberne et sabre, comme il est dit ci-dessus, plumet au casque et gants à la Crispin. Les officiers, pour la grande tenue, mettent les housses et chaperons galonnés en or.

4

Tenue de ville.

§ 6. Hors du service, tous les militaires de la cavalerie portent le chapeau; les brigadiers et gardes portent le surtout en toute saison; les brigadiers portent l'épée. Pour les officiers et sous-officiers, la tenue est la même que dans l'infanterie.

Pantalon blanc.

§ 7. Le pantalon blanc n'est porté que lorsque le colonel en donne l'ordre.

Art. 130.

Tenue pour différents services.

§ 1er. Pour les exercices, promenades de chevaux, corvées et distributions, les officiers de cavalerie sont en képi, surtout sans épaulettes et ceinturon noir. Les officiers d'infanterie, pour les exercices, sont en képi, capote sans épaulettes et épée.

§ 2. Pour le peloton équestre, les officiers et sous-officiers d'infanterie seront dans la tenue dite ci-dessus § 1er pour les officiers de cavalerie.

§ 3. Les jours où la grande tenue a été ordonnée, tout service fourni après la retraite est fait en petite tenue.

§ 4. Pour la prestation de serment, les officiers et la troupe sont toujours en grande tenue de service.

§ 5. Pour les réceptions et visites officielles, la tenue est indiquée par le colonel.

ART. 131.

Manière de porter et d'ajuster les effets.

Chapeau.

§ 1er. Le chapeau est porté de la manière dite en colonne, penchant légèrement à droite, le bord touchant presque le sourcil droit et éloigné d'environ 3 centimètres du sourcil gauche.

Sabre.

§ 2. L'infanterie en tenue de ville porte le sabre contre la cuisse gauche et à la hanche. Les cavaliers à pied portent le ceinturon en sautoir et le sabre au crochet.

ART. 132.

Manière de placer l'aiguillette avec le surtout, l'habit et la capote.

L'aiguillette se porte sur l'épaule gauche, le grand cordon placé à cheval sur le premier bouton; il faut avoir soin de laisser environ un tiers de ce cordon pour former la partie supérieure et deux tiers pour la partie inférieure, on boutonne ensuite le premier bouton, la petite natte se place à cheval sur le deuxième bouton, le nœud en dehors près du bouton, le cordon du ferret en dedans de l'habit, le ferret et la partie inférieure du cordon sortent entre le deuxième et le troisième bouton. Cette petite natte doit se trouver sur la poitrine entre les deux parties du cordon double. La grande natte se place de la même manière sur le troisième bouton, et, après que ce dernier est boutonné, le ferret doit sortir entre le troisième et le quatrième bouton. Le bras passe dans le petit cordon.

ART. 133.

Giberne d'infanterie ajustée avec le sac et le sabre.

§ 1er. La giberne est placée de manière que la ligne que présente sa partie supérieure soit horizontale et parallèle à la ligne que forme la partie inférieure du havre-sac, la giberne à plat sur la fesse droite.

§ 2. Le bouton en buffle destiné à fixer la martingale est placé au milieu du baudrier, la martingale formant une ligne parallèle à celle de la partie supérieure de la giberne, le pommeau du sabre à la hauteur du prolongement formé par la ligne horizontale de la partie supérieure de la giberne.

Objets que doit contenir la giberne d'infanterie.

§ 3. La giberne contient, dans le compartiment de gauche, un paquet de cartouches enveloppé dans une toile grise portant le numéro matricule du militaire et les initiales G. P.; à droite de ce paquet et dans le même compartiment, deux cartouches collées à leurs extrémités et renfermées dans un petit étui en carton.

§ 4. Dans le compartiment du milieu, le nécessaire d'armes, et derrière lui le tire-balles fixé sur un bouchon.

§ 5. Enfin dans le compartiment de droite, la brosse à fusil, la pièce grasse en drap, le chiffon, le tampon de cheminée. Les brigadiers y mettent en outre le monte-ressort.

§ 6. Le bouchon de fusil n'est toléré que dans les chambrées et le tampon de cheminée n'est placé que pour les exercices.

Art. 134.

Fourniment et bretelle de fusil.

§ 1er. Les buffleteries sont croisées sur la poitrine, de manière à laisser apercevoir le dernier bouton du surtout; la charrue est passée sur les piqûres des buffleteries aussitôt après qu'elles ont été blanchies.

§ 2. La partie supérieure de la plaque du sabre arrive sur le jonc de la piqûre du porte-giberne. Lorsque le militaire a le sabre à la hanche, la partie supérieure de la plaque arrive à hauteur du deuxième bouton du surtout.

§ 3. L'épinglette est fixée à demeure à la poche aux capsules. Cette poche est constamment garnie de six capsules de rechange. La poche aux capsules est fixée au porte-giberne.

§ 4. La bretelle du fusil est engagée dans le battant de sous-garde et bouclée de manière que la partie inférieure de la boucle se trouve à hauteur du bas de la capucine; le bout de la bretelle est engagé dans le battant de la grenadière. La bretelle est garnie d'une languette en buffle qui empêche le frottement du bouton en cuivre sur le bois du fusil.

Art. 135.

Ajustage du havre-sac.

§ 1er. La partie supérieure du sac arrive à hauteur des épaules; il colle sur le dos, les bretelles bien égales, afin que le sac reste continuellement droit et perpendiculaire. Les contre-sanglons bouclés de manière que le couvercle ou patelette soit tendu également et ne bâille d'aucun côté. La fausse capote ne doit jamais déborder les côtés latéraux du sac; les courroies qui la maintiennent, serrées de manière à ce qu'elle ne ballotte point, bouclées près du sac, du côté du dos et introduites dans leurs passants, ainsi qu'il suit :

§ 2. La grande courroie bouclée à la hauteur de la naissance des bretelles, laisser tomber le bout sur le derrière du havre-sac.

§ 3. Les deux petites courroies, après avoir été bouclées à hauteur de la grande, introduire leur bout en dessus des passants et rouler la partie qui se trouve libre, fortement et intérieurement sur elle-même.

§ 4. Ces deux courroies sont toujours placées à une distance égale de la grande courroie, de manière à partager la fausse capote en quatre parties égales.

§ 5. L'ajustage prescrit par les numéros qui précèdent, pour l'arme de l'infanterie, est exécuté de la manière suivante :

§ 6. Les militaires placés sur un rang et par rang de taille, n'ont que la giberne et le havre-sac ; on s'occupe dans cette première opération de déterminer exactement la hauteur du sac et de la giberne. La hauteur de la giberne étant déterminée, on passe un trait à l'encre sur l'envers de la buffleterie, en suivant la ligne supérieure de l'enchappement fixé à la giberne pour marquer son point.

§ 7. Pour la seconde opération, les militaires quittent le sac et prennent le sabre et la giberne ; le sabre est alors ajusté avec la giberne, conformément à l'art. 133.

§ 8. La martingale de la giberne est ajustée conformément au même article.

§ 9. Pour la troisième opération, les militaires quittent la giberne et placent exactement le sabre à la hanche ; dans cette position, si les sabres ont été bien ajustés avec les gibernes, la ligne formée par les pommeaux doit être horizontale et s'abaisser progressivement de la droite à la gauche du rang.

§ 10. Pour la quatrième opération, les militaires reprennent le sabre, la giberne et le sac; dans cette position, les lignes formées par la partie supérieure des sacs et des gibernes doivent être horizontales et s'abaisser progressivement de la droite à la gauche du rang. C'est dans cette dernière opération que les irrégularités qui auraient pu échapper dans les premières sont faciles à remarquer et à rectifier sur-le-champ.

§ 11. Toutes les buffleteries qui seraient dans le cas d'être allongées ou raccourcies sont envoyées à l'atelier du maître sellier. Les bretelles de fusil qui sont trop longues sont raccourcies du côté de la boucle.

Art. 136.

Giberne de cavalerie ajustée.

§ 1er. Le porte-giberne est ajusté de manière que le dessus du coffret se trouve à hauteur du coude droit (le bras étant plié et la main sur le teton droit). La partie supérieure de la boucle, placée à hauteur de la couture de l'habit, le passant en cuivre partageant également la distance entre la partie inférieure de la boucle et de l'agrément, ce dernier arrivant à hauteur des deux boutons du porte-giberne sans les couvrir. La martingale de la giberne est fixée au bouton gauche de la taille de l'habit.

Objets que doit contenir la giberne de cavalerie.

§ 2. La giberne contient, dans le compartiment de droite, le tire-balles fixé sur un bouchon et enveloppé d'un petit linge, le nécessaire d'armes et le tampon de cheminée, deux cartouches de mousqueton et deux de pistolet. Ces quatre cartouches sont collées à leurs extrémités et enveloppées dans un papier.

Le compartiment de gauche contient un paquet de six cartouches de mousqueton; ce paquet est enveloppé dans une toile grise portant le numéro matricule de l'homme et les initiales G. P. Enfin la pièce grasse en drap est placée sur les cartouches afin d'empêcher le ballottage.

§ 3. La poche à capsules fixée au porte-giberne contient douze capsules.

§ 4. Le deuxième paquet de cartouches de mousqueton et le paquet de cartouches de pistolet sont placées dans la sacoche droite, mais seulement en cas de prises d'armes inopinées, ou lorsque l'ordre en sera donné. Ces paquets sont étiquetés et enveloppés comme il est prescrit ci-dessus.

ART. 137.

Bretelle de mousqueton, son ajustage.

Elle est repliée en trois doubles; le bout de la bretelle est engagé dans le battant de sous-garde et bouclé à 5 centimètres au-dessous de la capucine. Cette mesure est prise à partir de la partie supérieure de la boucle à la partie inférieure de l'anneau du battant de la capucine. Le bout de la bretelle est engagé ensuite en dessous de la boucle, fortement tendu et fixé par un bouton à double face en cuivre au-dessous de la sous-garde.

ART. 138.

Ceinturon de cavalerie.

§ 1er. Les sous-officiers, brigadiers et gardes portent le

ceinturon en sautoir ou en ceinture, selon que le service est fait à pied ou à cheval.

§ 2. Dans le premier cas, le ceinturon est engagé sous la patte du trèfle droit, le porte-giberne est placé de la même manière en sens inverse et par dessus le ceinturon. Ces deux buffleteries se trouvent alors croisées sur la poitrine, de manière à laisser paraître le premier bouton du surtout et à faire arriver la plaque immédiatement sur le jonc de la piqûre du porte-giberne. L'anneau inférieur de la pièce dite *entre deux* est placé immédiatement au-dessus de la hanche gauche. Lorsque le porte-baïonnette est adapté au ceinturon, il est ajusté de manière à être maintenu perpendiculairement, un peu en arrière de la couture du pantalon, sans que la douille soit engagée sous la basque de l'habit.

§ 3. Dans le second cas, le ceinturon est placé horizontalement au-dessus des hanches et soutenu dans cette position par la bretelle porte-sabre, la plaque étant à moitié couverte par le surtout.

PERMISSIONS.

ART. 139.

Permissions de un à huit jours et de l'appel du soir.

§ 1er. Les permissions de minuit et de un à huit jours sont signées au rapport par le colonel. Lorsque, dans le courant de la journée, un militaire a besoin de la permission de l'appel du soir, il s'adresse à l'officier de semaine qui soumet sa demande au capitaine de semaine. Cet officier est autorisé à l'accorder jusqu'à minuit; il en rend compte sur son rapport spécial de semaine.

4.

Permissions des officiers.

§ 2. L'officier qui désire une permission au-dessus de quarante-huit heures et jusqu'à huit jours doit en faire la demande au colonel, par écrit, en suivant la voie hiérarchique. La permission imprimée est jointe à la demande.

Bulletin de visite à fournir par les brigadiers et gardes qui demandent des permissions au-dessus de trois jours.

§ 3. Pour les brigadiers et gardes, un bulletin de visite du médecin, attestant que ce militaire n'est atteint de maladie ni vénérienne ni cutanée, est joint aux demandes de permissions de plus de trois jours.

§ 4. Les permissions au-dessus de huit jours ou congés sont demandés au ministre de la guerre par la voie hiérarchique.

Prolongation de permission ou de congé.

§ 5. Tout militaire en permission ou congé qui désire obtenir une prolongation doit en faire la demande au ministre de la guerre par l'intermédiaire de l'officier commandant la gendarmerie du département où il se trouve; il en informe de suite son capitaine.

PUNITIONS.

ART. 140.

Toute faute grave sera l'objet d'une enquête de la part du commandant de la compagnie ou de l'escadron qui adressera, sans retard, son rapport au colonel par la voie hiérarchique, afin de l'éclairer sur l'emploi du temps, en cas d'absence; et

les circonstances particulières de la faute commise, etc., etc.
— Ce rapport restera au dossier de l'homme.

Art. 141.

*Militaire n'ayant pas déclaré qu'il était atteint de maladie
vénérienne ou cutanée.*

Tout militaire atteint d'une affection vénérienne ou cutanée
et qui n'a point déclaré sa maladie sera puni de quinze jours
de consigne à sa sortie de l'hôpital.

CANTINES.

Art. 142.

Cantines et cantinières.

§ 1er. Les cantines et les cantinières sont placées sous la
surveillance spéciale des capitaines de semaine et de l'adjudant de la caserne.

§ 2. Chaque cantinière est pourvue d'un registre indiquant la date, la quantité et le prix des liquides entrés dans
sa cave, et, en regard, l'acquit du vendeur. Ce registre est
fréquemment visité par le capitaine de semaine qui y appose
son visa et rend compte au colonel de l'exécution de ces
prescriptions.

Entrée de liquides à la caserne.

§ 3. Toutes les fois qu'il entre des provisions de liquide
dans les casernes, l'adjudant en rend compte au capitaine de
semaine qui veille à leur inscription sur le registre et procède
à leur dégustation.

Interdiction de faire crédit.

§ 4. Il est interdit aux cantinières de faire crédit aux militaires du corps; l'infraction à cet ordre entraîne la fermeture momentanée, et, en cas de récidive, la fermeture définitive de leur cantine.

Mesure réglementaire pour les liquides.

§ 5. Les liquides doivent être vendus au prix fixé par une commission nommée par le colonel. Le vin est vendu au litre, demi-litre, quart de litre.

Militaires qui s'enivrent dans les cantines.

§ 6. Lorsqu'un militaire du corps s'enivre dans une cantine, la cantine est fermée pour un mois la première fois. Si cela se renouvelle, le colonel avise.

Fermeture des cantines.

§ 7. Les cantines sont fermées à l'appel du soir et ne sont ouvertes qu'au réveil.

§ 8. Le présent article est affiché dans les cantines par les soins de l'adjudant.

Art. 143.

Pension des sous-officiers. — Registre de la cantinière.

§ 1er. Tous les sous-officiers, non mariés, vivent à la pension de leur caserne et y versent une somme journalière déterminée par le colonel. Cette somme est payée par quinzaine à la cantinière qui donne son acquit sur le registre ouvert à cet effet.

Militaires autorisés à faire entrer du vin
dans les casernes.

§ 2. Les militaires vivant en ménage sont autorisés à faire entrer du vin dans la caserne pour leur consommation particulière ; il leur est interdit d'en céder, sous aucun prétexte, aux militaires non mariés.

L'adjudant surveille les repas des sous-officiers.

§ 3. L'adjudant veille à ce que les sous-officiers se trouvent régulièrement aux repas.

ART. 144.

Cuisinières et porteurs.

Les cuisinières et les porteurs doivent arriver à la cuisine assez à temps pour allumer les fourneaux et ne sortir de la caserne que le soir après que leur service est terminé. Les cuisinières et les porteurs sont sous la surveillance immédiate du maréchal des logis et du brigadier de garde, des brigadiers d'ordinaire et de semaine, du planton à la cuisine, pour tout ce qui est relatif à la police dans l'intérieur des cuisines, à la propreté, à la préparation et à la répartition des aliments.

ART. 145.

Punitions à infliger aux cuisinières et aux porteurs.

Les punitions à infliger aux cuisinières et aux porteurs sont l'amende de 1 à 5 fr. et le renvoi. Ces punitions ne sont prononcées que par le capitaine, qui en rend compte hiérar-

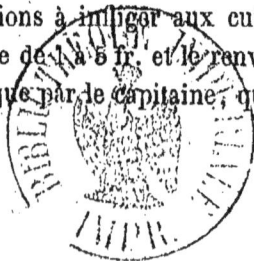

chiquement au colonel. Ces amendes sont déduites de la rétribution mensuelle qui leur est allouée.

OBJETS TROUVÉS.

Art. 146.

Lorsque des objets sont trouvés sur la voie publique, ils sont remis au commissaire de police; s'ils ont été trouvés dans un établissement public, ils sont également remis à ce fonctionnaire et avis en sera donné au chef de l'établissement; si l'objet a été trouvé par un militaire de service, le chef de poste en rend compte sur son rapport, où il mentionne tous les détails dont il a connaissance. Les objets trouvés à la caserne sont remis à l'adjudant.

DEVOIRS DANS LE SERVICE ET HORS LE SERVICE.

Art. 147.

Tous les militaires du corps doivent parfaitement connaître les nombreux devoirs qui leur sont journellement imposés, tant dans le service que hors du service; à cet effet, ils doivent bien se pénétrer des règles et principes contenus dans l'ordonnance du 2 novembre 1833, dans le décret du 1er mars 1854, dans le règlement du 9 avril 1858, dans l'instruction municipale et dans le présent règlement.

Fait à Paris, le 19 février 1864.

Le Maréchal de France,
Ministre Secrétaire d'État de la guerre,

RANDON.

LÉAUTEY, Imprimeur, rue St-Guillaume, 23.

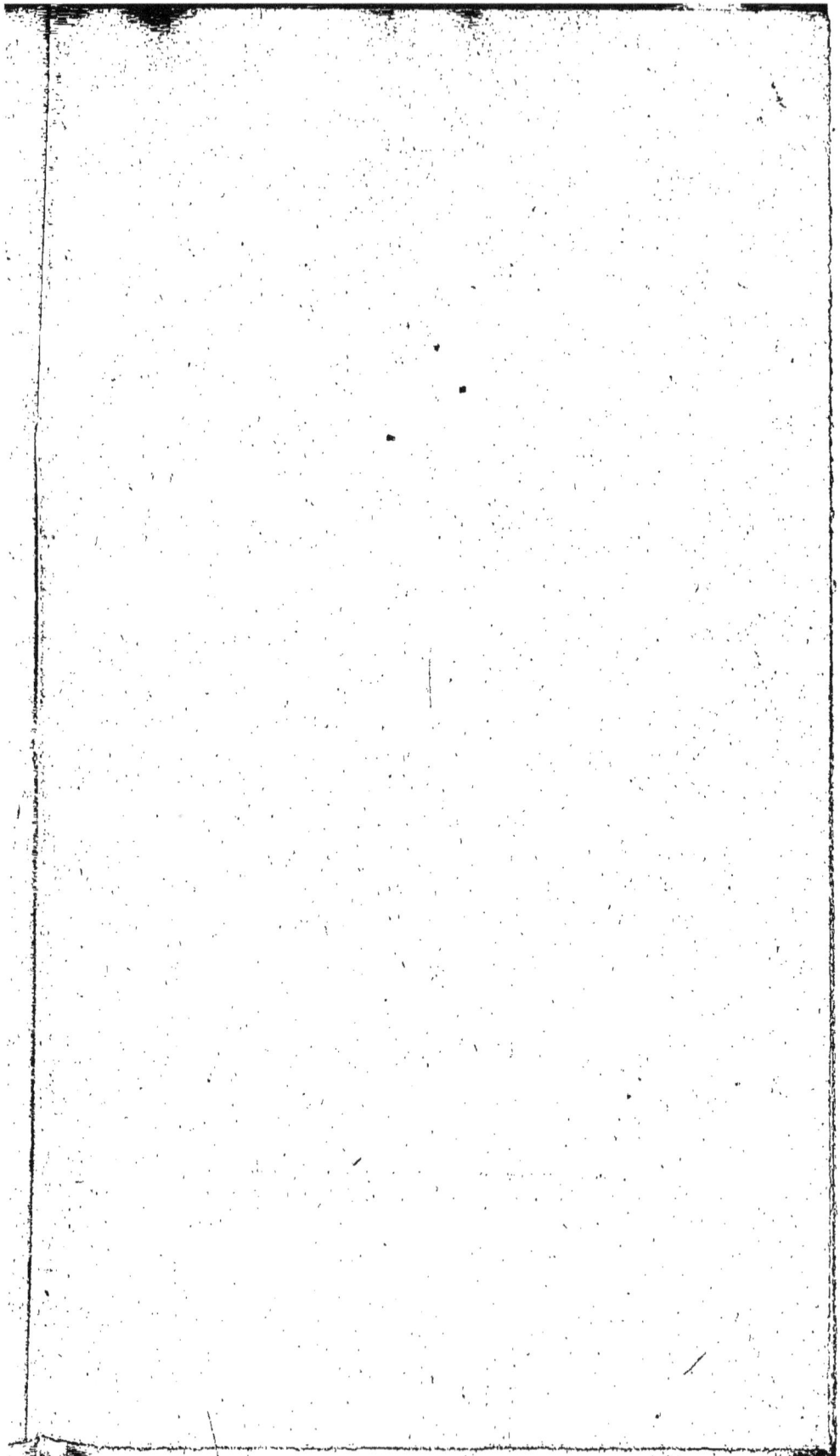

www.ingramcontent.com/pod-product-compliance
Lightning Source LLC
Chambersburg PA
CBHW070905280326
41934CB00008B/1597